徐州市科技计划项目(项目编号：KC18013)
徐州工程学院学术著作出版资金资助项目

神经网络预测控制

樊兆峰 著

中国矿业大学出版社
·徐州·

内 容 简 介

本书主要介绍了作者在神经网络预测控制方面的研究成果，主要包括：MLP 神经网络预测控制；局部滚动优化算法及其改进；基于分支定界的区间全局滚动优化算法；神经网络的线性平行区间扩展法；RBF 神经网络预测控制；并介绍了神经网络预测控制在一种催化连续搅拌反应釜液位控制及下肢康复机器人位置控制方面的应用。为便于参考，书中附有大部分的 MATLAB 源程序代码。

本书可供理工科院校自动化、控制理论与控制工程、计算机、信息等专业高年级本科生、研究生和教师、科研工作者阅读，也可供控制工程领域的专业技术人员参考。

图书在版编目(CIP)数据

神经网络预测控制 / 樊兆峰著. — 徐州 ：中国矿业大学出版社，2021.6

ISBN 978 - 7 - 5646 - 4844 - 2

Ⅰ. ①神… Ⅱ. ①樊… Ⅲ. ①人工神经网络—研究 Ⅳ. ①TP183

中国版本图书馆 CIP 数据核字(2020)第 256760 号

书　　名　神经网络预测控制
著　　者　樊兆峰
责任编辑　仓小金
出版发行　中国矿业大学出版社有限责任公司
　　　　　　（江苏省徐州市解放南路　邮编 221008）
营销热线　(0516)83884103　83885105
出版服务　(0516)83995789　83884920
网　　址　http://www.cumtp.com　**E-mail**:cumtpvip@cumtp.com
印　　刷　江苏凤凰数码印务有限公司
开　　本　787 mm×960 mm　1/16　**印张** 10.75　**字数** 211 千字
版次印次　2021 年 6 月第 1 版　2021 年 6 月第 1 次印刷
定　　价　42.00 元

前　言

由于非线性模型预测控制使用非线性模型对系统的输出进行预测，采用非线性优化方法优化控制量，所以，研究的首要困难就是建立非线性预测模型以及根据这个非线性预测模型实现非线性优化算法的问题。将人工神经网络技术应用于模型预测控制就形成了神经网络预测控制，本书主要研究非线性系统的神经网络预测模型建立及滚动优化问题。

针对未知非线性系统神经网络预测控制的局部滚动优化问题，本书利用MLP神经网络、RBF神经网络建立了一步及多步预测模型，分别通过Newton-Raphson算法、Levenberg-Marquardt算法对MLP神经网络两步预测控制、RBF神经网络三步预测控制进行了滚动优化。仿真结果表明局部优化存在初值问题，容易造成算法收敛到一个不可预料的极小点处，从而造成预测控制系统无法有效跟踪输出参考信号。

本书分析了全局最小点的存在范围，并提出了将初值选在最优性能点处，使局部优化的结果不超过最优性能点处的目标函数值；通过动态校正权重因子的方法，实现在最优性能点与当前控制点之间一定存在极小值，进一步使得局部优化收敛到该极小值；最优性能点的计算利用了逆神经网络。理论分析和仿真实验都表明了这种方法的有效性。

对全局滚动优化问题，本书利用只包含一个隐层的前向网络建立了系统的一步预测模型，其中的隐层神经元以Sigmoid函数为激励函数；根据分支定界的框架，利用区间分析实现了对神经网络输出的定界，设计了全局滚动优化方法。通过分析指出了自然区间扩展、泰勒一阶、泰勒二阶扩展得到的区间函数超宽的原因，并在此基础上提出了神经网络的线性平行区间扩展法，证明了这种扩展是神经网络输出函数的一种扩展形式，所得到的区间函数是神经网络输出的包含函数。仿真实验结果表明，这种方法能够得到更窄的区间定界，进而大幅降低全局优化算法的时间消耗。

最后介绍了神经网络预测控制在一种催化连续搅拌反应釜液位控制及下肢康复机器人位置控制方面的应用。

作者在本书的撰写过程中，得到了徐州市科技计划项目（KC18013）、徐州工程学院学术著作出版项目资金资助，并得到了中国矿业大学信电学院博士生导师马小平教授的悉心指导，在此表示感谢！另外，书中参考了大量的文献，也向文献的作者们致以诚挚的谢意！

神经网络预测控制是一个较为复杂的模型预测控制分支，就其理论、方法而言，目前还有很多问题需要进一步深入研究。由于作者水平所限，书中不妥之处在所难免，敬请读者批评指正！

樊兆峰

2019年4月

目　录

第1章 绪 论

模型预测控制(model predictive control,MPC)是一种智能控制方法,它根据被控对象的模型对给定控制量作用下的系统输出做出预测,并用在有限时域内滚动优化的控制量对被控对象进行控制[1-2]。将人工神经网络技术应用于模型预测控制就形成了神经网络预测控制(neural network predictive control,NNPC 技术)。

1.1 线性模型预测控制

MPC 的起源可以追溯到 20 世纪 70 年代[3],最早的 MPC 算法是 1978 年 Richalet 等人提出的基于脉冲响应模型预测启发控制(model predictive heuristic control,MPHC)[4]及 1980 年 Mehra,Rouhani 提出的模型算法控制(model algorithmic control,MAC)[5],与 MPHC 一样,MAC 也使用了系统的脉冲响应序列作为预测模型;1980 年 Cutler 提出了基于阶跃响应序列预测模型的动态矩阵控制(dynamic matrix control,DMC)[6]。这些算法的共同点是:在每一个采样时刻,都使用被控对象的动态模型对系统的输出值进行预测,并在有限的时域内对某一目标函数进行优化,根据得到的优化控制量的第一个值对被控对象施加控制,在下一个采样时刻重复该优化过程,形成所谓的滚动优化。所以预测控制首先需要一个动态模型进行预测,模型预测控制即由此得名。另外,MPC 一般都通过在约束范围内进行优化,使得预测输出与参考输入的误差达到最小来确定控制量[1,7]。

初期的 MPC 大多采用脉冲响应模型与阶跃响应模型,它们都是非参数化的模型,这种模型的优点是在工业现场比较容易通过测量的方法获得,而且不需要模型结构、阶次等先验知识,辨识过程简单,模型能够自然地将滞后包含进来,可以用于复杂的工业工程的建模。早期的 MPC 算法在优化时能够考虑控制量的受约束情况,由于实际工业过程的控制量都要受到约束的限制,因此这种受约束的优化过程也是 MPC 的显著优点[8,9],在工业控制特别是过程控制领域被广泛采用。

曾几何时，PID(proportional integral derivative)控制在工业特别是化学工业中占据主导地位[10]，由于PID控制是对系统输出误差做比例、积分、微分后得到的控制量，因此PID控制是根据误差来进行控制的，或者说这种控制只有在误差产生后才会控制，是一种“事后控制”；而MPC算法由于在计算当前控制量时考虑了未来输出的情况，因此是可以提前消除或减小输出误差的，是一种“事前控制”。显然，从理论上看MPC应优于PID控制，所以MPC在出现后不久就开始被工业界尤其是化工领域广泛使用，并对MPC提出了新的要求，这反过来也促进了MPC技术的发展。

脉冲响应模型与阶跃响应模型虽然具有易于获得的优点，但是，这种模型只能用于开环稳定的被控对象，而实际的工业过程中存在大量开环不稳定系统的控制问题，另外，当被控系统的过程时间常数较大时，所需模型参数太多，造成控制系统的计算量大幅攀升。为解决这一问题，Clarke等人在1987年提出了广义预测控制(generalized predictive control，GPC)[11]，GPC使用的是受控自回归积分平均滑动模型(controlled auto-regressive integrated moving average model，CARIMA)，CARIMA模型由于引入了积分作用，自然克服了非参数模型的缺点，不仅可以用于开环稳定系统的控制，也可以用于控制开环不稳定系统、非最小相位系统等。另外，相比于早期MPC，GPC不仅仅是使用了不同的模型，还融合了多步预测控制与自适应控制的优点，能够通过在线递推的方法修改模型参数，从而对缓慢变化的过程参数所引起的预测误差做及时修正，并进一步改善系统的动态控制性能[12]。

早期出现的预测模型大多是线性的，这主要是因为借助于研究已经很成熟的线性系统理论，线性预测控制无论是在模型建立还是控制量的优化方面都比较容易，这使得线性预测控制理论的研究日臻成熟。然而，严格来讲，工业过程一般都是非线性的。对于非线性程度较弱的系统，采用线性化的方法获得线性预测模型能够充分逼近其动态过程，线性预测控制具有较好的使用效果；但对于具有较强非线性的系统，线性模型往往难以描述其复杂的动态过程，进而造成较大的预测误差，使得线性预测控制难以得到实际应用。为了克服这些困难，越来越多的研究者开始转向非线性模型预测控制[13]。

1.2 非线性模型预测控制

由于非线性模型预测控制(nonlinear model predictive control,NMPC)使用非线性模型对系统的输出进行预测,采用非线性优化方法优化控制量,所以,研究的首要困难就是建立非线性预测模型问题,其次是根据这个非线性预测模型实现非线性优化算法的问题[14-16]。

1.2.1 非线性预测模型

非线性系统的建模一般分为机理建模与实验建模两大类。机理建模一般是指根据被控动态系统的运动规律所建立的微分方程模型,这种方法需要深刻了解系统内部机理,并不需要很多的过程数据。当被控系统工作在特性变化迅速而不容易获取过程数据时,机理建模就是较好的选择[17]。但是实际的工业过程机理复杂,难以做到透彻了解,因此实验建模受到了更多的重视,主要有以下几类:

(1) Hammerstein-Wiener 模型

这种模型的优点是把非线性系统分为静态非线性和动态线性的系统,模型结构也很简单,可以用来对具有幂函数、死区、开关等的非线性系统进行建模。如果能选择合适的目标函数,利用 Hammerstein-Wiener 模型来预测,可以将预测控制问题分解为两部分:一部分是线性模型的在线动态优化问题;另一部分是非线性模型的静态求根问题[18]。

(2) Volterra 模型

这种模型是一种非线性脉冲响应模型,系统的建模精度取决于 Volterra 序列的阶次大小,所以要获得较高的建模精度需要很多的实验数据来确定 Volterra 系数。文献[19]给出了一种使用二阶 Volterra 模型来实现非线性预测控制的方法。

(3) 模糊模型

这种模型是一种利用模糊数学关系而建立的一种智能型模型,包括 T-S 模型、Mamdani 模型、模糊关系模型等,模糊模型本质上具有非线性,能够以一定精度逼近任何非线性系统,更为重要的是:其结论部分是一种线性函数形式,所以常被作为预测模型来解决非线性预测控制问题[20,21]。

(4) 神经网络模型

文献[22]已经证明多层前向神经网络能够以任意精度逼近任何复杂的连续非线性函数，而且神经网络具有学习和适应不确定系统的动态特性、较强的鲁棒性、容错性等特点，所以神经网络已经成为预测控制的有力工具[23]。

其他还有多项式 ARMAX 模型[24]、Laguerre 模型[25]等也被用于非线性预测控制中。

非线性预测模型的优点是对非线性系统的建模精度较高，能够充分逼近非线性动态过程，但是也带来了非线性优化的问题，而非线性优化一般都是复杂而耗时的，所以目前非线性预测控制仍是学术界研究的热点。

1.2.2 非线性优化方法

用非线性模型预测时，目标函数往往都是非凸的，滚动优化时会出现很多的极小值，这就给获得全局最小值带来很大困难。当前，非线性优化可分为局部优化和全局优化两大类。局部优化主要有：梯度下降(gradient descent)法、牛顿(Newton)法、拟牛顿(Quasi Newton method)法、Levenberg-Marquardt 算法、共轭梯度(Conjugate gradient)法等；全局优化主要有：区间(Interval)法、分支定界(Branch and bound)法、填充函数(Filled function)法、D. C. 规划、遗传算法(Genetic algorithm GA)、粒子群算法(Particle swarm optimization PSO)等。在非线性预测控制中使用的滚动优化方法主要有：

(1) 梯度下降法

梯度向量的反方向就是目标函数下降最快的方向，故可以通过梯度下降一步步地迭代求解，得到目标函数的极小值。文献[26]用非线性预测控制方法对六轮无人驾驶车辆进行了跟踪控制，解决车辆行驶过程中的轨迹规划和最优控制问题。最优控制的输入由约束条件下的梯度下降算法得到，从其实验结果看效果较好。

(2) 拟牛顿法

拟牛顿法和梯度下降法一样只需求每一步迭代时目标函数的梯度。根据梯度的变化，构造一个目标函数的模型并产生超线性收敛性。该法一般优于梯度下降法。加之拟牛顿法不需要计算二阶导数，故有时比牛顿法更有效。文献[27]基于最小二乘支持向量机函数逼近法对非线性自回归外部输入模型进行辨识，用拟牛顿法进行优化，实现了非线性预测控制。

(3) Levenberg-Marquardt 算法

Levenberg-Marquardt(L-M)算法是介于牛顿法与梯度下降法之间的一种

非线性优化方法,对于过参数化问题不甚敏感,能够有效处理冗余参数,减小了目标函数陷入局部极小值的机会,这些特性使得 L-M 算法获得了广泛应用。文献[28]根据非线性自回归模型利用神经网络对水力发电设备建模,分别采用 L-M 算法和拟牛顿法进行优化,仿真结果表明 L-M 算法的控制效果略好于拟牛顿法。

(4) 共轭梯度法

共轭梯度法取的是共轭方向,即搜索方向是互相共轭的,这些搜索方向仅仅是负梯度方向与上一次迭代的搜索方向的组合,故而存储量很少,计算也方便。另外,共轭梯度法仅使用一阶导数,但却能克服梯度下降法收敛慢的缺点,又避免了牛顿法需要存储和计算海森矩阵及求逆的缺点,所以在优化中应用较多。文献[29]用非线性模型预测,并采用共轭梯度法优化解决实时优化问题,实现了对仿人机器人双足行走的控制。

(5) 分支定界法

分支即是把可行解空间不断地分割成越来越小的子集,定界就是对每个子集计算其目标函数下界,在每次分枝后,删除那些下界超出已知可行解集目标值的子集,这称为剪枝,然后不断重复这一过程,此即分枝定界法的主要思路。文献[30]使用基于分支定界的动态规划法实现了一类模糊预测控制。

(6) 遗传算法与粒子群算法

遗传算法 GA 是根据达尔文的进化论构造的一种生物启发算法,利用自然选择和 DNA 遗传机理设计优化计算模型,通过不断迭代模拟自然进化过程搜索最优解[31]。文献[32]为强耦合约束非线性锅炉-汽轮机系统设计了预测控制器,基于 GA 实现了滚动优化。粒子群算法 PSO 则是一种根据鸟群觅食构建的进化算法,早期由 Kennedy 等人开发。PSO 和模拟退火算法类似,先由随机解开始,通过不断迭代寻找最优解,根据适应度来评估解的优劣,PSO 比遗传算法简单,它仅根据当前的最优值来搜索全局最优解[33]。文献[34]对一类催化连续搅拌槽反应器进行了非线性预测控制,使用 PSO 算法进行了优化,改善了系统的控制性能。

在非线性预测控制的滚动优化中,如果非线性程度不高,目标函数的局部极小点较少,局部优化算法的初始值选的是靠近全局最优解,则一般滚动优化能接近全局最小值,控制效果较好;如果非线性程度较高,使得目标函数的极小点太多,这时初始值与全局最小值之间很容易存在一个或多个局部极小点,造成局部优化算法无法靠近全局最小值,这时控制效果较差。采用全局优化算法无疑可以克服以上问题，但是目前的全局优化算法如 GA，PSO 大多计算复杂，且迭代次数较多，所以优化耗时太长难以在一个控制周期内完成，故无法在采样周期较短的控制系统中使用。

1.3 神经网络预测控制

人的大脑是一个高度复杂的、非线性的并行信息处理系统，模仿人脑的工作机理而建立起来的人工神经网络系统具备较强的非线性输入输出映射能力[35]。所以，许多学者将人工神经网络引入模型预测控制中，形成各种神经网络预测控制方法[36-39]。

1.3.1 神经网络预测模型

在 NNPC 中，神经网络大多用来建立预测模型，其中使用较多的神经网络有：多层感知器（multilayer perceptron，MLP）神经网络、径向基函数（radical basis function，RBF）神经网络、Elman 神经网络等。尽管神经网络的模型较多，但是在预测控制时要考虑滚动优化及实时性的要求，故表达式过于复杂且难以实现滚动优化的神经网络模型一般不宜采用。

用神经网络作预测模型的前提是用神经网络去逼近非线性映射关系。神经网络建模属于实验建模法，因为建模前需要对被控对象的输入、输出进行大量测试，将测量的数据用于训练神经网络，通过神经网络的学习过程来确定神经网络的模型参数（主要是网络的连接权值），从而确定神经网络预测模型。

（1）MLP 神经网络

MLP 神经网络是研究较为成熟的一种网络，其结构本身是一种多层前馈网络，在网络训练时采用了误差反向传播（back propagation，BP）的方法，所以，有时也称为 BP 神经网络。很多研究者都选用多层前馈网络做 MPC 的预测模型[40-43]，理论上已经证明，即便是只有一个隐含层的多层前馈网络，使用 Sigmoid函数为激励函数时，也能以任意精度逼近任何连续非线性函数[44]。所以在预测控制中，很多研究者仍然采用多层前馈网络做预测模型[45-53]。MLP 神经网络建立非线性系统预测模型的关键是对被控对象的建模精度，由于 MLP 神经网络具有全局逼近性，在每一次学习时都要更新所有的连接权值，这样就会造成学习时收敛速度很慢，且易于陷入局部极小点而无法收敛到全局最小值的问题，特别是采用局部优化的学习方法时与神经网络权值的初始值有很大关系，如果初始值选择不当，则算法极易收敛到局部极小值，这在一定程度上限制了 MLP 神经网络的推广应用。

（2）RBF 神经网络

RBF 神经网络是一种包含输入层、隐含层、输出层的三层前向网络。由于对隐含层的激励函数采用了径向对称的径向基函数，其具有局部逼近特性，所以不仅能加快收敛速度，也能避免训练算法陷入局部极小值。RBF 神经网络的这一特性克服了 MLP 神经网络的缺点，受到了一些神经网络预测控制研究者的注意，并将该网络引入到 MPC 的预测模型中，形成了一些 RBF 神经网络预测控制算法[54-62]。由于径向基函数的求导过程要比 Sigmoid 函数复杂得多，所以 RBF 神经网络预测中的滚动优化过程要比 MLP 神经网络复杂。

MLP 神经网络与 RBF 神经网络都属于前向网络，本身不包含反馈部分，属于静态网络，对非线性系统建模时需要先辨识模型的阶次，当模型的阶次较高时，会使得网络增大，造成学习过程的收敛速度下降。

（3）Elman 网络

Elman 网络是由 J. L. Elman 首先提出的，该网络总体上是前馈连接，包括输入层、隐含层、输出层，但同时又具有局部反馈部分，这种独特的结构造成该网络不仅具有一般前向网络的非线性逼近能力，而且本身就有一定的动态特性。一般来讲，Elman 网络对非线性系统的逼近能力较强，而且收敛的速度快，所以，有些研究者采用它作为非线性系统的预测模型[63-67]。

（4）循环神经网络(Recurrent Neural Network，RNN)

循环神经网络是一类以序列数据为输入，在序列的演进方向进行递归且所有节点(循环单元)按链式连接的递归神经网络，其本质上是使用递归的神经网络，所有 RNN 可以描述为循环关系。由于 RNN 具有记忆功能，因此能高效地学习序列的非线性特征[68]。文献[69]提出两步 L-M 方法建立非线性过程的循环神经网络模型，该模型能以足够的精度并行于过程运行，并能从过程的输入信息模拟过程未来的响应。文献[70]利用非线性系统辨识算法，从实验数据中辨识出一个微分循环神经网络来模拟肉鸡、猪的生长规律，然后将该模型作为非线性模型预测控制的预测模型，得到了一组期望的增长曲线。实验结果表明，预测模型较好地描述了肉鸡和猪生长过程的动态关系。

其他还有基于状态空间的递归神经网络[71]、Bayesian-Gaussian 神经网络模型[72]以及一些混合型神经网络模型[73,74]。

1.3.2 神经网络预测控制的滚动优化

由于神经网络主要用于非线性系统的建模及预测，而神经网络本身就是较为复杂的非线性系统，所以目标函数一般是非凸的，其最小化显然是复杂的非线性优化问题。前述非线性优化方法很多可用于神经网络预测控制的滚动优化，目前的滚动优化方法主要有：

（1）线性优化算法

该算法先对神经网络模型做线性化处理，然后按线性优化方法来滚动优化。显然解决线性优化问题的技术较为成熟，故很多文献采用线性优化的方法，文献[52]对非线性激励函数进行了局部线性化处理，将非线性多步预测控制转化成为简单的线性多步预测控制形式，并利用线性 GPC 的方法求得了预测控制律；文献[75]通过不断在线将二次规划问题线性化处理，提高了计算效率，并获得了与非线性优化相同的控制精度。

（2）非线性局部优化算法

由于构造的目标函数中包含神经网络的非线性表达式，因此要求得到一个精确的解析解，需要求解复杂的非线性方程，这在很多情况下几乎是不可能的，所以有些研究者采用了局部优化的方法：文献[76]较早地对神经网络预测控制进行了局部优化，分别采用了梯度下降法、Newton-Raphson 法、Levenberg-Marquardt 法对神经网络预测控制进行了优化，并给出了优化的结果，但是目标函数只考虑了最优性能，而且是一步预测控制的滚动优化算法。文献[77]利用拟牛顿法求得了搜索方向，使得算法具有了较快的速度。文献[78]对 BP 神经网络预测模型的控制问题，以 Newton-Raphson 法进行了无约束滚动优化，并详细推导了迭代公式。文献[79]对 BP 神经网络预测模型的控制问题，以 Newton-Raphson 法进行了两步滚动优化，并做了相应改进工作。文献[80]对 RBF 神经网络预测模型的控制问题，以 Levenberg-Marquardt 法进行了三步滚动优化，推导了算法的迭代公式。

（3）神经网络优化算法

该法通过构造单独的神经网络来实现优化。由于神经网络本身具有极强的非线性映射能力，所以可以利用附加的神经网络来完成滚动优化任务。文献[81]利用了一个并行的神经网络来优化受约束的二次性目标函数，通过梯度学习、训练使得网络收敛，实现了滚动优化。文献[82]利用一个神经网络作预测模型，一个神经网络作优化器，克服了干扰及不确定因素的影响。文献[83]使用了一个混沌神经网络，对受约束的 Laguerre 模型进行自适应目标函数寻优，结果能够避免优化过程中出现的陷入局部极小点问题。文献[84]利用神经网络对 MPC 进行优化，并对一个小型无人直升机进行了控制，取得了较好的效果。文献[85]采用回声状态网络对非线性系统建模，并采用一个简单的对偶神经网络进行滚动优化，尽管计算量很大，也取得了较好的控制效果。

(4) 智能优化算法

智能优化算法，如遗传算法、粒子群算法等也被引入到神经网络预测控制的滚动优化中，文献[86]利用了一种特殊的遗传算子，设计了基于遗传算法实现的滚动优化，提高了控制的稳定性。文献[87]使用遗传算法优化了自适应预测控制系统，能够避免矩阵的求逆过程，并成功地解决了控制器抗干扰与实时性的矛盾。文献[88]将 Tent-map 混沌算法用于滚动优化提高系统的收敛性和精度。文献[89]将改进的粒子群优化算法(MPSO)作为非线性优化控制器，并应用于一类具有强非线性、大时变、大时滞、大惯性的对象时获得了良好的控制性能。

由于预测控制要求滚动优化算法在一个控制(采样)周期内必须完成，所以优化时间较长的算法无法使用。对神经网络模型做线性化处理能够简化优化过程，避免复杂的非线性优化问题，但是对于非线性程度较高的系统，线性化会带来较大的误差，控制效果难以保证，所以不适用于较强非线性的系统；构造另外的神经网络来实现优化能够避免较多的迭代优化过程，但是附加的优化神经网络会随精度及非线性程度的提高而增大网络规模，造成在实际工程中难以使用；智能优化方法能有效避免优化过程陷入局部极小值，但是需要大量的迭代过程，而且这些方法(如 GA，PSO)一般都不是确定性算法，具有较强的随机性，即难以保证优化的时间限制。所以本书主要研究局部优化方法，及基于区间分析的全局优化方法，这两种方法都是确定性算法，能够满足预测控制的优化时间要求。

1.3.3　神经网络预测控制存在的一些问题

神经网络预测控制从产生至今，已经在许多领域应用，也取得了一定的成果。但是也存在一些目前还没有很好解决的问题，这些问题可能是未来的主要研究方向。

(1) 神经网络建模问题

尽管已经证明神经网络能逼近任意复杂的非线性系统，但是随着非线性程度的提高，所需的网络规模会越来越大，这就给神经网络的学习、泛化带来问题，并使得滚动优化更加繁琐、困难。如何减小网络规模并提高预测精度仍然是一个困扰研究者的问题，就目前神经网络领域的研究情况看，增加网络的层数一般可以减少神经元的数量，而且深度学习算法近年来发展强劲[90]，有望解决多层神经网络的学习问题，所以近期一个重要的研究问题是如何利用多层神经网络实现模型预测控制。

(2) 全局滚动优化问题

局部优化算法对初始值过于敏感，全局优化算法无疑是最好的选择。然而，现有的全局优化方法中，确定性算法过于耗时，随机性算法又难以保证优化时间。所以开发新的全局滚动优化算法仍是神经网络预测控制中的重要问题。

(3) 神经网络预测控制的稳定性问题

从目前已发表的文献看，大多文献没有证明所用神经网络预测控制器的稳定性，有的文献仅仅是证明了迭代优化的收敛性。而稳定性是控制系统可靠工作的前提和基础，所以如何分析和证明神经网络预测控制的稳定性，给出稳定性的条件仍是未来亟须解决的问题。

另外，当前神经网络预测控制的研究大多集中在应用上，缺乏一些理论研究。

第 2 章　MPC 与神经网络预测模型

神经网络预测控制属于模型预测控制 MPC，一般是用神经网络作预测模型或实现滚动优化算法。本书主要研究如何用神经网络建立预测模型。

2.1　MPC 基本原理

MPC 一般包含三个基本特征，即预测模型、滚动优化、反馈校正[91]。由于 MPC 的预测模型及滚动优化当前大都是通过计算机实现的，所以 MPC 实际上是基于计算机的离散控制系统。其结构如图 2-1 所示，在一个控制周期内 MPC 要完成以下过程：

① 滚动优化先由参考输入及反馈校正得到期望的系统输出值；

② 输出未来若干步的控制序列给预测模型得到模型对被控对象的预测输出；

③ 通过优化方法得到使预测输出与期望输出误差最小的控制序列，用序列中第一个控制量去控制被控对象。

④ 更新相关信息等待下一个控制周期。

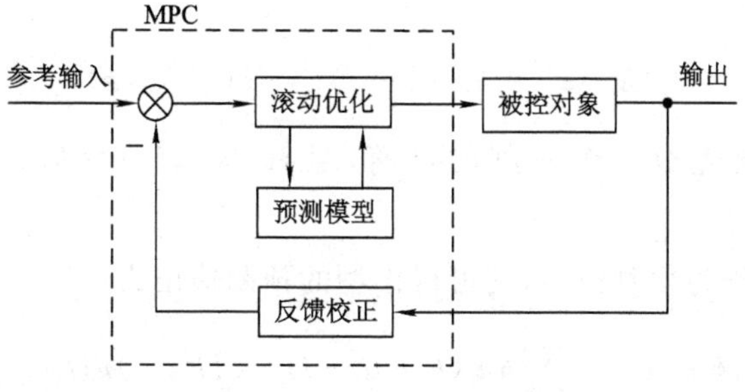

图 2-1　MPC 结构图

从以上过程可知，MPC 具有控制系统的内部模型，所以有内模控制的部分特点；滚动优化得到的是优化控制量，从一定程度上看有最优控制的性质；由于根据误差采用了反馈校正，故 MPC 包含反馈控制。正是因为这些特点才使得 MPC 能取得较好的控制效果。另外，MPC 的控制精度主要取决于两个方面：其一是预测模型输出的被控对象预测输出值要充分接近实际值；其二是滚动优化得到的优化控制量要接近最优控制量。下面根据 MPC 的三个特征分别详述。

2.1.1 预测模型

预测模型是 MPC 的基础，其任务是对被控对象的未来输出值进行预测，所以称之为预测模型。需要说明的是，这里预测模型只是强调能完成预测任务的功能，而对模型的具体形式没有要求，不一定必须是被控对象的数学模型，只要能实现预测的功能，都可以称为预测模型。如上一章提到的非参数化模型脉冲响应模型与阶跃响应模型以及各种非参数模型都可以作为预测模型使用；传递函数、状态方程也可以成为预测模型，只是由于 MPC 是离散控制，模型在使用时要先离散化。

1. 脉冲响应模型

若线性系统的脉冲响应输出与输入关系由下式表示[92]：

$$y(k) = \sum_{i=1}^{\infty} h_i u(k-i) \tag{2-1}$$

其中，$y(k)$为 k 时刻系统的输出；$u(k-i)$为 $k-i$ 时刻的控制量；h_i 是系统在单位脉冲激励下的输出采样值，如图 2-2 所示。若系统是稳定的且不含积分作用，在 N 时刻以后的采样值很小，则可在 N 处截断，仅取 h_1 至 h_N 的值，式(2-1)可近似表示为：

$$y(k) \approx \sum_{i=1}^{N} h_i u(k-i) = H(z^{-i})u(k) \tag{2-2}$$

式中，z^{-i} 为后向差分 i 个时刻的算符，且有 $H(z^{-i}) = h_1 z^{-1} + h_2 z^{-2} + \cdots + h_N z^{-N}$。

将式(2-2)作为预测模型，则可得模型的预测输出为：

$$y_{\mathrm{m}}(k+d) = \sum_{i=1}^{N} h_i u(k+d-i) = H(z^{-i})u(k+d) \tag{2-3}$$

式中，d 为预测步数或预测时域。由式(2-3)可知，给定控制量 $u(k+d)$，则可预测从当前时刻 k 开始，未来 d 步内的系统输出。

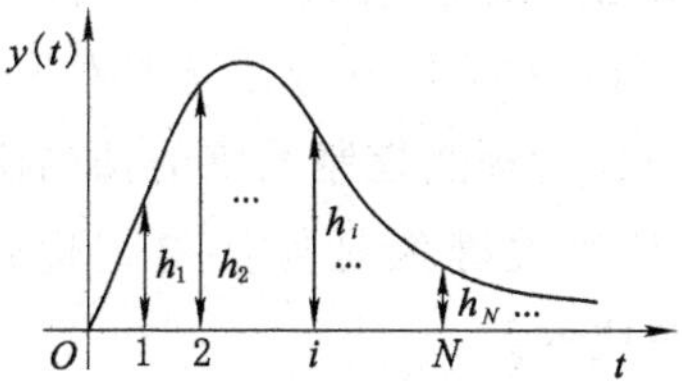

图 2-2　脉冲响应

脉冲响应模型能够清晰地反映控制量对系统的影响，具有直观的特点，且不需要任何关于被控对象的先验知识，辨识过程较为简单，通过实验即可获得，故在工程实践中被广泛采用。该模型的缺点是，当采样周期较小时，N 的取值可能会很大，需要的 h_i 数值较多。

2. 状态方程模型

设系统的状态方程为：

$$\begin{cases} \dot{\boldsymbol{x}}=\boldsymbol{A}\boldsymbol{x}+\boldsymbol{B}\boldsymbol{u} \\ \boldsymbol{y}=\boldsymbol{C}\boldsymbol{x} \end{cases} \tag{2-4}$$

式中，$\boldsymbol{x}$ 为状态向量；$\boldsymbol{u}$ 为控制向量；$\boldsymbol{y}$ 为输出向量；$\boldsymbol{A},\boldsymbol{B},\boldsymbol{C}$ 为常数矩阵；第一个方程为状态方程，第二个方程为输出方程。令 $t=kT$，T 为采样周期，当 T 很小时可将式(2-4)近似离散化为：

$$\begin{cases} \boldsymbol{x}[(k+1)T] = (\boldsymbol{I}+T\mathbf{A})\boldsymbol{x}(kT) + T\boldsymbol{B}\boldsymbol{u}(kT) \\ \boldsymbol{y}(kT) = \mathbf{C}\boldsymbol{x}(kT) \end{cases} \tag{2-5}$$

式中，$\boldsymbol{I}$ 为单位矩阵；$\boldsymbol{x}[(k+1)T]$，$\boldsymbol{x}(kT)$ 分别为 $(k+1)T$，kT 时刻系统的状态向量；$\boldsymbol{u}(kT)$，$\boldsymbol{y}(kT)$ 分别为 kT 时刻系统的控制向量和输出向量。

令预测输出值 $\boldsymbol{y}_{\mathrm{m}}[(k+1)T]=\boldsymbol{y}[(k+1)T]$，则式(2-5)也可以写为：

$$\begin{cases} \boldsymbol{x}[(k+1)T]=(\mathbf{I}+T\mathbf{A})\boldsymbol{x}(kT)+T\boldsymbol{B}\boldsymbol{u}(kT) \\ \boldsymbol{y}_{\mathrm{m}}[(k+1)T]=\mathbf{C}\boldsymbol{x}[(k+1)T] \end{cases} \tag{2-6}$$

假设 kT 为当前采样时刻，$\boldsymbol{x}(kT)$，$\boldsymbol{u}(kT)$ 为已知，则根据状态方程(2-6)可以计算出下一个采样时刻 $(k+1)T$ 的状态向量 $\boldsymbol{x}[(k+1)T]$，再由式(2-6)的输出方程，就可以预测出下一采样时刻（未来）系统的输出值 $\boldsymbol{y}_{\mathrm{m}}[(k+1)T]$。再次将计算得到的状态向量 $\boldsymbol{x}[(k+1)T]$ 代入式(2-6)的状态方程，只需给定一个控制量 $\boldsymbol{u}[(k+1)T]$，就可以计算出 $\boldsymbol{x}[(k+2)T]$，根据式(2-6)的输出方程又可以预测出 $\boldsymbol{y}_{\mathrm{m}}[(k+2)T]$，如此不断迭代，对于给定的控制量序列 $\boldsymbol{u}(kT)$，$\boldsymbol{u}[(k+1)$

$T]$,…,$\boldsymbol{u}[(k+d-1)T]$,根据状态方程模型(2-6)就可以预测出未来的系统输出序列 $\boldsymbol{y}_{\mathrm{m}}[(k+1)T]$,$\boldsymbol{y}_{\mathrm{m}}[(k+2)T]$,…,$\boldsymbol{y}_{\mathrm{m}}[(k+d)T]$,$d$ 为预测步数。故离散化后的状态方程(2-6)可以作为预测控制系统的预测模型。

有了预测模型,下一步的关键就是如何得到优化的控制量,这一步是由 MPC 的滚动优化过程来完成的。

2.1.2 滚动优化

为便于表示,本书略去采样周期 T,将系统的实际未来输出表示为 $y(k+1)$,$y(k+2)$,…,$y(k+d)$,将预测模型的预测输出表示为 $y_{\mathrm{m}}(k+1)$,$y_{\mathrm{m}}(k+2)$,…,$y_{\mathrm{m}}(k+d)$。如图 2-3 所示,假设当前采样时刻为 k,已知控制系统在未来 d 步的参考输入值为:$y_{\mathrm{r}}(k+1)$,$y_{\mathrm{r}}(k+2)$,…,$y_{\mathrm{r}}(k+d)$,其轨迹如图中虚线所示。

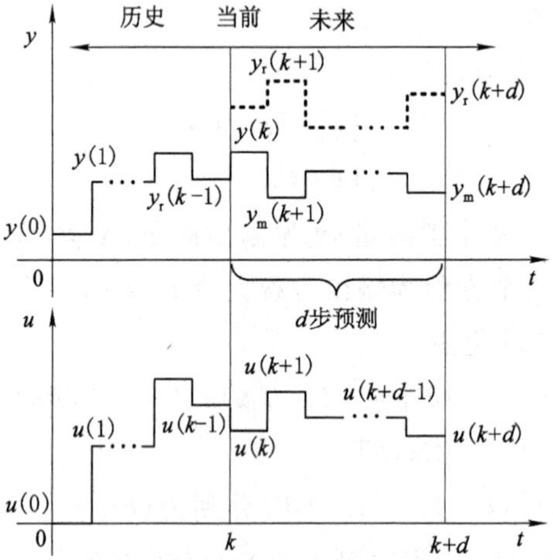

图 2-3　滚动优化示意图

在此,滚动优化的任务就是在 d 步预测时域内,确定一组控制量序列 $u(k)$,$u(k+1)$,… ,$u(k+d-1)$,使得系统的预测输出 $y_{\mathrm{m}}(k+1)$,$y_{\mathrm{m}}(k+2)$,…,$y_{\mathrm{m}}(k+d)$能够满足在某一性能指标下的最优,通常需要构造一个函数来反映这一指标,并称该函数为目标函数。例如,可以考虑将性能指标设定为使预测值与参考输入值的误差最小,这时可以构造如下目标函数:

$$J=\sum_{i=1}^{d}[y_{\mathrm{m}}(k+i)-y_{\mathrm{r}}(k+i)]^2 \tag{2-7}$$

采用相关的优化算法可以寻求一组决策变量(即控制量序列)使得目标函

数 J 取最小值，这是典型的最小二乘优化问题，也是滚动优化算法的核心部分。现假设算法已经求出这个优化的控制量序列，记为：$u^*(k), u^*(k+1), \cdots, u^*(k+d-1)$，在 k 时刻对系统真正进行控制时，只取优化控制序列中的第一个最优控制量 $u^*(k)$ 进行实际控制，而在下一个采样时刻 k+1，先对当前及历史的信息做更新，即 $u^*(k) \rightarrow u(k-1), u(k-1) \rightarrow u(k-2), \cdots, y(k) \rightarrow y(k-1), y(k-1) \rightarrow y(k-2), \cdots$，然后再次在线执行优化算法，重复 k 时刻的优化过程，如此在每个采样时刻，优化算法都会更新相关信息，重新在线执行一次优化算法，并使用第一个优化控制量进行控制，这种优化的过程称为滚动优化。

在实际的工程应用中，控制量总是在一定范围内受到限制的。如电磁阀的开度，只能在全开与全关之间变化；另外，有些控制系统需要考虑控制量的增量变化情况，并希望能在较小范围内变化控制量。在这种情况下，一般可以构造如下目标函数：

$$J = \sum_{i=1}^{d} [y_{\mathrm{m}}(k+i) - y_{\mathrm{r}}(k+i)]^2 + \lambda \sum_{i=0}^{d-1} (u(k+i) - u(k+i-1))^2 \tag{2-8}$$

式中，λ 为权重因子，用于权衡考虑输出误差和控制增量的侧重点。则滚动优化的问题可表述为：

$$\begin{cases} \min \quad J = \sum_{i=1}^{d} [y_{\mathrm{m}}(k+i) - y_{\mathrm{r}}(k+i)]^2 + \lambda \sum_{i=0}^{d-1} (u(k+i) - u(k+i-1))^2 \\ \text{s.t.} \quad u_{\min} \leqslant u \leqslant u_{\max} \end{cases} \tag{2-9}$$

式中，u_{min} 和 u_{max} 分别为控制量可取的最小值和最大值。式(2-9)为受约束优化问题，采用受约束优化方法可得到控制量 $u^*(k), u^*(k+1), \cdots, u^*(k+d-1)$。

滚动优化至少在两个方面明显区别于传统的最优控制，首先，滚动优化是在有限时域（d 步时域）内的一种优化，而最优控制是在全部时域内进行优化；其次，滚动优化是不断反复在线进行，而最优控制一般都是离线进行一次。

2.1.3　反馈校正

采用机理建模法总会忽略一些动态过程的次要因素，实验建模往往难以避免干扰数据的影响，而且对参数的估计本身往往存在误差。所以，预测模型一般不能完全精确地预测实际动态系统的输出，或者说预测模型与实际的动态过程存在模型失配的问题。预测控制通过反馈校正来解决这个问题，在当前控制时刻 k，控制系统可以通过实际测量系统输出得到 y(k)，通过与 k 时刻的预测

输出 $y_m(k)$比较得到误差 $e(k)$：

$$e(k) = y_m(k) - y(k) \tag{2-10}$$

然后，利用这个误差来对控制系统做校正，一种可行的方法是根据下式对参考输入做校正：

$$y'_r(k+i) = y_r(k+i) + \delta e(k) \tag{2-11}$$

式中，$i=1,2,\cdots,d$；δ 为校正系数。将校正后的参考输入 $y'_r(k+i)$代替给定的参考输入 $y_r(k+i)$来实现滚动优化，反馈校正得以实现。

反馈校正使得预测控制具有了反馈环节，属于闭环控制系统。

2.2 MPC 系统仿真

为研究 MPC 的控制性能，本节以一个线性系统的模型代替未知的被控对象，用其脉冲响应数据构建预测模型，根据上述原理对该对象进行模型预测控制，并将结果与 PID 控制进行比较。

2.2.1 脉冲响应预测模型

假设代替未知对象的系统传递函数可以表示为

$$G(s)=\frac{10}{s^2+3s+10} \tag{2-12}$$

这里需要说明的是，式(2-12)仅是为了仿真得到脉冲响应模型的需要，实际工程中可通过给未知被控对象施加单位脉冲激励并测试输出值得到。在 MATLAB 中编写以下程序：

```
%线性模型的脉冲响应
t=[0:0.1:5];                    %采样周期 0.1s
num=[10];                       %建立未知对象的替代模型
den=[1,3,10];
sys=tf(num,den);
[Y,T]=impulse(sys,t);           % 获取对象的脉冲响应
global h;
h=Y(2:31)/10;                   % 截取 N=30,获得幅值为 1 时的 h 参数值
impulse(sys,t);                 % 绘制脉冲响应图
grid;
xlabel('时间');
```

ylabel('输出幅值');

执行以上程序,可得模型的脉冲响应如图 2-4 所示。

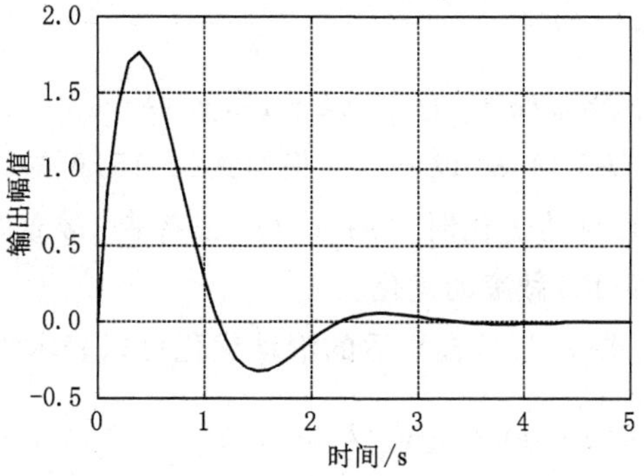

图 2-4 被控对象单位脉冲响应

由图可知,在 3 s 时刻以后的采样值很小,接近系统的稳态响应,故可在 $N=30$处截断,仅取 h_1 至 h_{30}的值。需要说明的是,MATLAB 的脉冲响应在采样周期为 0.1 s 时,幅值为 10,相应采样值需要除以 10 得到幅值为 1 的采样值。若取预测步数 $d=3$,则根据式(2-3)可得 k 时刻脉冲响应模型的预测输出为:

$$\begin{cases} y_m(k+1) = \sum_{i=1}^{30} h_i u(k+1-i) = h_1 u(k) + \sum_{i=2}^{30} h_i u(k+1-i) \\ y_m(k+2) = \sum_{i=1}^{30} h_i u(k+2-i) = h_1 u(k+1) + \\ \qquad h_2 u(k) + \sum_{i=3}^{30} h_i u(k+2-i) \\ y_m(k+3) = \sum_{i=1}^{30} h_i u(k+3-i) = h_1 u(k+2) + h_2 u(k+1) + \\ \qquad h_3 u(k) + \sum_{i=4}^{30} h_i u(k+3-i) \end{cases} \tag{2-13}$$

2.2.2 滚动优化与反馈校正

若取式(2-7)为目标函数,则有

$$J = \sum_{i=1}^{3} [y_m(k+i) - y_r(k+i)]^2 \tag{2-14}$$

在无约束条件下,显然由式(2-14)可知,当 $y_m(k+i)=y_r(k+i)$时,J 取全局最小值 0。令 $y_m(k+1)=y_r(k+1)$，由式(2-13)可求得：

$$u^*(k)=\frac{y_r(k+1)-\sum_{i=2}^{30}h_i u(k+1-i)}{h_1} \tag{2-15}$$

以此类推，分别令 $y_m(k+1)=y_r(k+1)$，$y_m(k+2)=y_r(k+2)$，可根据式(2-14)递推求出 $u^*(k+1)$，$u^*(k+2)$。根据式(2-15)可知，$u^*(k)$与 $u^*(k+1)$和 $u^*(k+2)$无关，而滚动优化时只用 $u^*(k)$去控制，故这里不求 $u^*(k+1)$，$u^*(k+2)$，仅用式(2-15)做滚动优化。

根据式(2-10)、式(2-11)，校正后的滚动优化可以表示为：

$$u^*(k)=\frac{y_r(k+1)+\delta[y_m(k)-y(k)]-\sum_{i=2}^{30}h_i u(k+1-i)}{h_1} \tag{2-16}$$

2.2.3 控制系统仿真

先对开环控制系统仿真，即不考虑反馈校正，滚动优化部分利用 S 函数实现。编写 S 函数：

```
%开环滚动优化 S 函数
function [sys,x0,str,ts,simStateCompliance]=mpc_opt_op(t,x,u,flag)
switch flag,
  case 0,
      [sys,x0,str,ts,simStateCompliance]=mdlInitializeSizes;
  case 1,
    sys=mdlDerivatives(t,x,u);
  case 2,
    sys=mdlUpdate(t,x,u);
  case 3,
    sys=mdlOutputs(t,x,u);
  case 4,
    sys=mdlGetTimeOfNextVarHit(t,x,u);
  case 9,
    sys=mdlTerminate(t,x,u);
  otherwise
    DAStudio.error('Simulink:blocks:unhandledFlag',num2str(flag));
```

```
end
function [sys,x0,str,ts,simStateCompliance]=mdlInitializeSizes
sizes=simsizes;
sizes.NumContStates  =0;              %无连续状态
sizes.NumDiscStates  =0;              %无离散状态
sizes.NumOutputs     =1;              %输出个数为 1
sizes.NumInputs      =1;              %输入个数为 1
sizes.DirFeedthrough=1;               %直接馈通
sizes.NumSampleTimes=1;               %采样时间个数,至少是一个
sys=simsizes(sizes);
x0=[];
str=[];
ts=[0.1 0];                           %设置采样时间 0.1s
global u_serial;                      %将控制序列设为全局变量
u_serial=zeros(1,30);                 %初始化为零
simStateCompliance='UnknownSimState';
function sys=mdlDerivatives(t,x,u)
sys=[];
function sys=mdlUpdate(t,x,u)
sys=[];
function sys=mdlOutputs(t,x,u)
global h;                             %声明全局变量
global u_serial;
unew=(u - u_serial(1:29) * h(2:30))/h(1);
                                      %计算优化控制量
u_serial=[unew u_serial(1:29)];       %更新控制序列
sys=unew;                             %输出优化控制量
function sys=mdlGetTimeOfNextVarHit(t,x,u)
sampleTime=0.1;                       %仅在变采样时调用
sys=t+sampleTime;
function sys=mdlTerminate(t,x,u)
sys=[];
```

将文件保存为 mpc_opt_op.m,在 Simulink 中新建仿真模型如图 2-5 所示,设置仿真参数为固定步长,采样时间 0.1 s,求解器选 ode4。运行仿真,并输入以下命令:

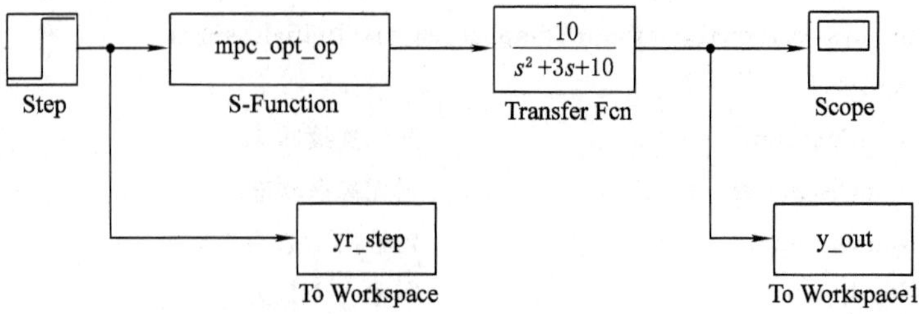

图 2-5　开环 MPC 系统模型

```
plot(yr_step,'——b','LineWidt',1);
    hold on;
    plot(y_out,'r','LineWidth',2);
    xlabel('时间/sec');
    ylabel('输出幅值');
    legend('y_r(k)','y(k)');
```

可得开环 MPC 控制系统的参考输入 $y_r(k)$ 与仿真输出 $y(k)$ 的对比如图 2-6 所示。由图可知开环的控制响应快，且基本无超调量，控制效果极为理想。

然而，开环 MPC 对未建模部分及扰动的控制却效果甚微，为说明这一问题，可建立如图 2-7 所示的仿真模型，在被控对象前加一阶跃扰动信号，并设阶跃信号的幅值为 0.2，阶跃时间为 5。

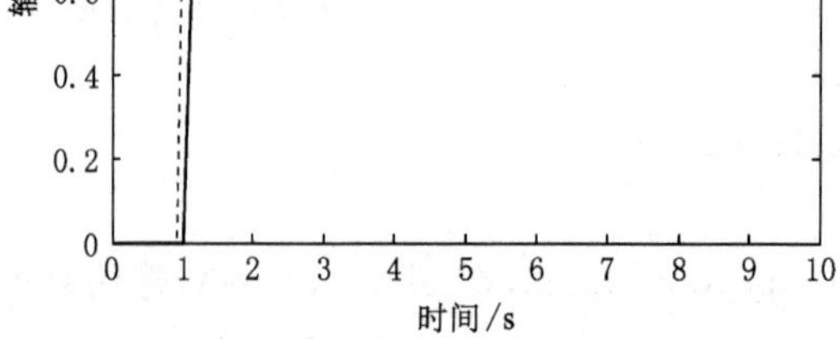

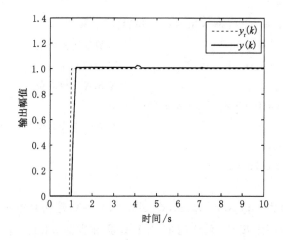

图 2-6　开环 MPC 仿真结果

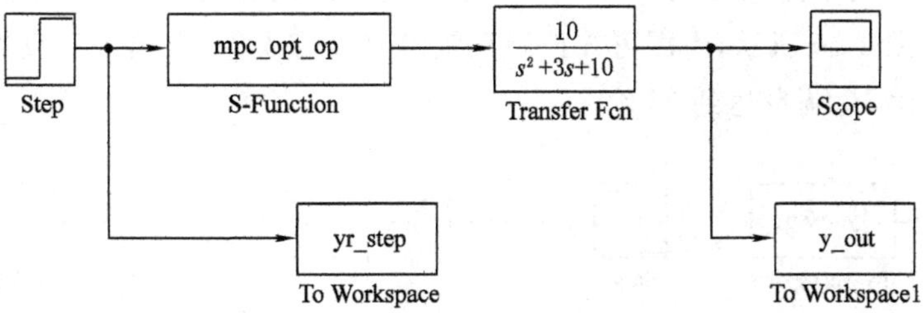

图 2-7　扰动作用下开环 MPC 系统模型

设置仿真参数如上不变，同样输入上述命令可绘得系统的仿真结果如图2-8所示。由图可知，MPC 对扰动没有任何控制作用，稳态误差为 0.2。在实际工程应用中，一般难以建立被控对象的全部动态模型，特别是现场的扰动因素较多，故 MPC 一般都采用反馈校正的闭环控制。为建立闭环 MPC 仿真模型，在以下部分修改上述 S 函数：

```
function [sys,x0,str,ts,simStateCompliance]=mdlInitializeSizes
sizes.NumOutputs=2;              %输出个数为 2
function sys=mdlOutputs(t,x,u)
ym_out=u_serial * h;             %增加对系统的输出预测
sys=[unew ym_out];               %输出量增为 2 个，输出预测值给反馈校正部分
```

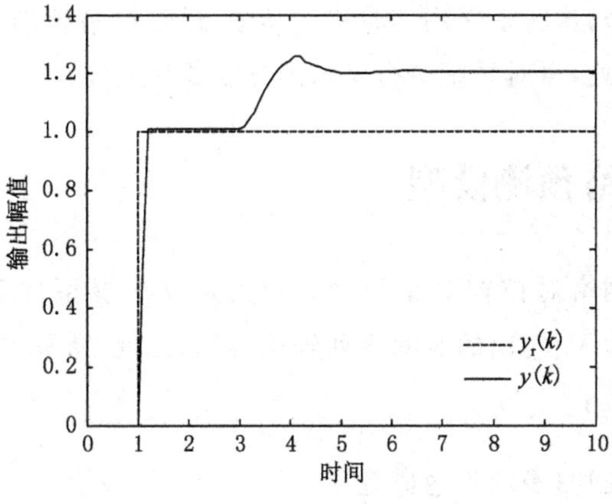

图 2-8　扰动作用下开环 MPC 仿真结果

将修改后的 S 函数另存为 mpc_opt_cl.m，在 Simulink 里新建如图 2-9 所

示的仿真模型,反馈校正系数 $\delta=1$,其他仿真参数设置同上。进行仿真并将结果绘制如图 2-10 所示,由图可知控制系统没有稳态误差,但是由于反馈的引入带来了振荡,超调量达到 35%。

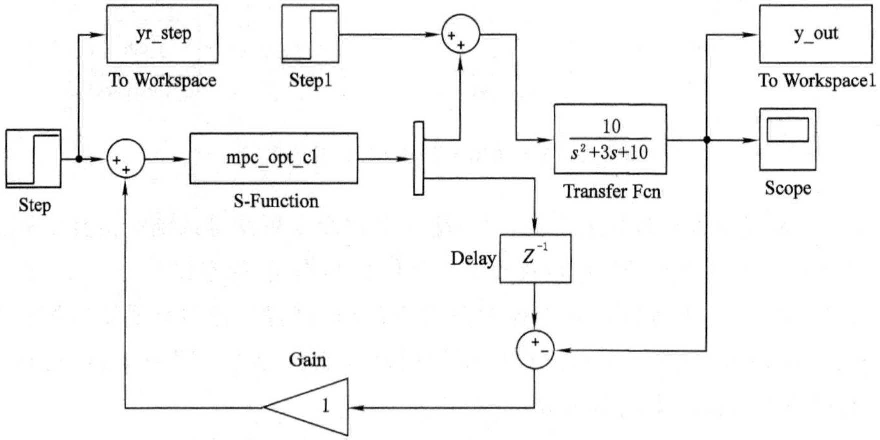

图 2-9　扰动作用下闭环 MPC 系统模型

以上仿真结果说明,开环 MPC 对已建模的被控对象控制效果较好,但不能控制未建模部分及扰动;采用反馈校正构成闭环则可以弥补这些不足。

当被控对象具有较强非线性特征且较复杂时,采用机理建模法往往难以建立系统的数学模型,这时多采用实验法。其中,通过给系统加入相应激励,然后测量输入、输出序列,再对系统进行辨识的方法备受关注。

2.3　神经网络预测模型

用人工神经网络对被控对象的动态行为建立的模型称为神经网络模型。由于建模是根据输入、输出的时间序列辨识得到,因此,首先要了解非线性系统的时间序列模型。

2.3.1　非线性自回归滑动平均模型

非线性自回归滑动平均(nonlinear auto regressive moving average,NARMA)模型是一种时间序列模型。考虑如下单输入单输出(single input single output,SISO)非线性系统:

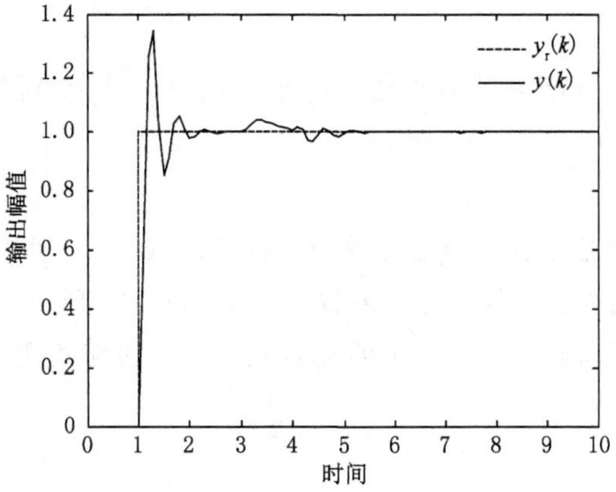

图 2-10　扰动作用下闭环 MPC 仿真结果

$$y=g(x,u,t) \tag{2-17}$$

其中，y 是系统的输出；u 是控制量；t 为时间；g 表示非线性关系。

若给由式(2-17)表示的非线性系统输入时间序列 $u(1),u(2),\cdots,u(k)\cdots$ 可测得其输出为 $y(1),y(2),\cdots,y(k),\cdots$，则不考虑噪声的情况下，系统的 NARMA 模型可以表示为：

$$y(k+1)=f(y(k),y(k-1),\cdots,y(k-n_y+1),u(k),u(k-1),\cdots,u(k-n_u+1)) \tag{2-18}$$

其中，n_u、n_y 分别为输入控制量时间序列与被控对象输出时间序列的延迟阶次，其值可以通过模型阶次辨识的方法得到[93]；f 表示 NARMA 模型的非线性映射关系。对控制系统而言，由于在任意时刻 k，当前的输出值 $y(k)$ 可以通过测量得到，式(2-18)中右边的序列除 $u(k)$ 外其他又都是 k 时刻以前的已知历史值，假设 f 为已知，则只要给定一个 $u(k)$ 值，即可计算出下一时刻的输出值 $y(k+1)$，可以由该值预测系统的输出。下面讨论如何用人工神经网络实现非线性映射关系 f。

2.3.2　NARMA 的神经网络模型

当传统的建模方法无法实现复杂的非线性映射关系时，神经网络方法被广泛采用，它可以看作是根据人脑生理机能而开发的一种计算模型。

1. 人工神经元

神经网络是由许多神经元相互连接构成的，一个基本的人工神经元如图 2-

11 所示，主要包括以下部分：

（1）输入信号

输入信号是从外部或其他神经元传来的信号。一个神经元可以有多个输入信号，如图 2-11 中的 $x_1, x_2, \cdots, x_r$ 所示。

（2）连接强度

连接强度用于描述输入信号对神经元作用的强弱，一般用权值的大小来衡量，如图 2-11 中输入信号线上标注的权值 $\omega_1, \omega_2, \cdots, \omega_r$ 所示。输入信号与其相应的连接强度一起构成了神经元的输入部分，其功能类似于神经细胞中的树突。

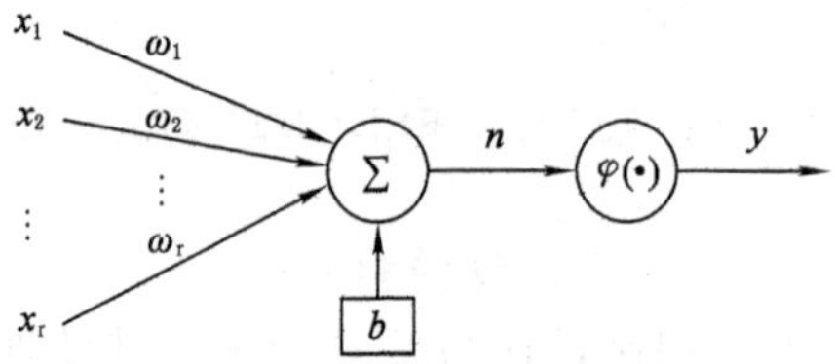

图 2-11　神经元结构图

（3）偏置

偏置也称阈值，用于调节输入部分数值的大小，以改变输入作用的强弱，如图 2-11 中的 b。

（4）输入函数

输入函数用于计算输入信号与偏置对神经元的总体作用，一般用累加和的函数形式，如图 2-11 中的Σ。这时，输入函数可以表示为：

$$n = \sum_{i=1}^{r} x_i \omega_i + b \tag{2-19}$$

（5）激活函数

顾名思义，激活函数用于计算神经元的激活水平，如图 2-11 中的函数 $\varphi(\cdot)$所示。激活函数模拟了生物神经细胞的活跃程度，一般常取为线性函数、Sigmoid 函数、径向基函数，分别如图 2-12 的(a)，(b)，(c)所示。

（6）输出信号

输出信号用于将神经元的活跃程度输送给外部或其他神经元，其功能类似于神经细胞中的轴突，如图 2-11 中的 y 所示。由图可知输出信号的大小等于激励函数的值，可以表示为：

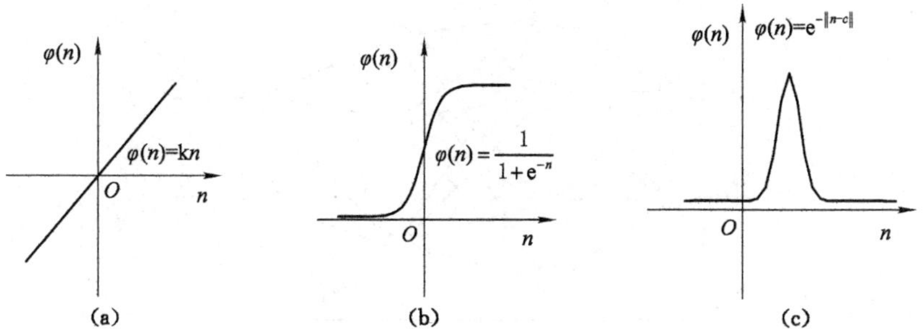

图 2-12　常用激励函数

$$y=\varphi(n) \tag{2-20}$$

根据式(2-19)、式(2-20)可得单个神经元的输入输出关系为：

$$y=\varphi\left(\sum_{i=1}^{r} x_i\omega_i+b\right) \tag{2-21}$$

2. 神经网络

由上述内容可知，单个神经元的结构简单，工作原理也不复杂。但是，如果将若干神经元连接在一起构成庞大的神经网络，则输入与输出之间的映射关系远比式(2-21)要复杂得多，能实现的功能也强大得多。

时至今日，经过近几十年的研究与开发，神经网络的种类繁多。但是，按神经元的连接方式一般可分为前向神经网络、循环神经网络两种主要类型。

(1) 前向神经网络

在较多神经元连接的网络中，一般可以将网络分层。直接与输入信号相连并传递该信号的层称为输入层；产生输出信号的层称为输出层；在输入层与输出层中间的称为隐藏层(隐层)。输入和输出层一般只有一个，而隐藏层可以有多个，分别称为第一隐藏层、第二隐藏层……图 2-13 所示为包含两个隐藏层的神经网络。一般规定信号由输入流向输出的方向为前向，如果一个神经网络的信号流向全部为前向，即从输入流向输出，则称该网络为前向神经网络。图2-13所示即为一个前向神经网络。网络具有 r 个输入信号：$x_1,x_2,\cdots,x_r$，c 个输出信号 $y_1,y_2,\cdots,y_c$；由 r 个神经元(图中每个圆圈表示一个神经元)构成网络的输入层，c 个神经元构成网络的输出层，且由第一、第二隐藏层构成其隐层。根据信号的流向明显可看出全部为前向，故为前向网络，且从输入层到隐层每个神经元的输出都是它下一层神经元的输入。

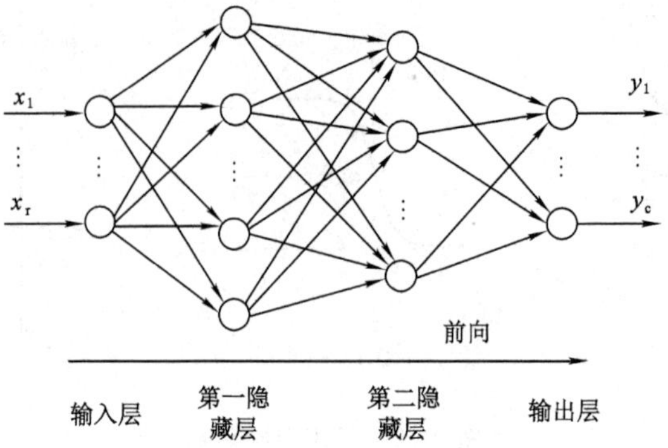

图 2-13　前向神经网络

(2) 循环神经网络

如果在一个神经网络中包含至少一个神经元,其输出信号从输出流向输入方向或自身,则称该网络为循环神经网络。与前向网络相比,循环神经网络包含反向或自循环信号,从控制的角度看,即系统存在(自)反馈,构成如图 2-14 所示的(自)反馈环。循环神经网络中,(自)反馈环的存在,对它的学习能力和功能有着深远的影响[35]。

图 2-14 所示的循环神经网络中,第一隐藏层上面第一个神经元的输出反馈回自身的输入端,即存在自反馈环,信号形成自循环;输出层上面的第一个神经元通过后向差分(延迟)z^{-1} 反馈到第二隐藏层上面的第一个神经元的输入端,即网络包含反向信号,存在反馈环。

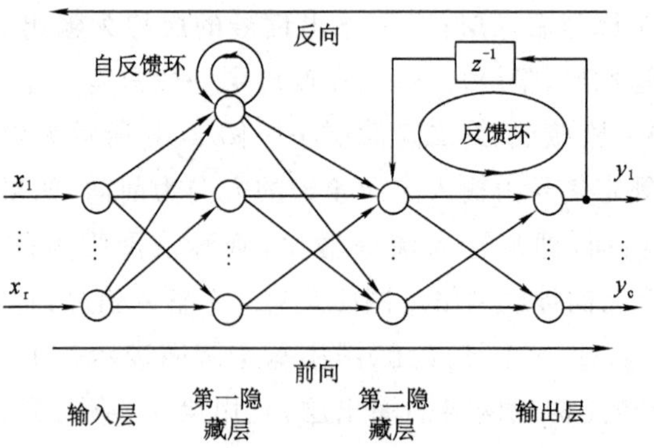

图 2-14　循环神经网络

由图 2-13，图 2-14 所示的神经网络可知，如果已知每个神经元的表达式(2-21)，则可以根据网络结构写出输入、输出的映射关系。其中，网络包含大量的权值，这些权值可视为待定系数，如果对被控对象进行实验，测得其输入输出数据(样本)，我们可以确定一组权值，使神经网络的映射关系逼近实际的输入、输出数据关系，则神经网络可以视为被控对象的数学模型，并称这一过程为神经网络的训练(学习)过程。训练后的神经网络可以作为被控对象的数学模型对控制系统的输出进行预测。

3. 神经网络预测模型

为表示简单起见，考虑 SISO 控制系统，如果采用前向神经网络来完成 NARMA 模型的非线性映射关系 f，则由式(2-18)可知，可以将 $y(k)$，$y(k-1)$，…，$y(k-n_y+1)$，$u(k)$，$u(k-1)$，…，$u(k-n_u+1)$作为神经网络的输入信号，将 $y(k+1)$作为网络的预测输出信号 $y_{\mathrm{m}}(k+1)$，若隐藏层只取一个，则可构建前向神经网络如图 2-15 所示。

辨识确定时间序列的延迟阶次 n_u、n_y，选定隐层神经元的个数，则 NARMA 的前向神经网络模型可以确定。根据实验测得的时间序列 $u(1)$，$u(2)$，…，$u(k)$，…，$y(1)$，$y(2)$，…，$y(k)$…选定若干样本数据对网络进行训练，使得 $y_{\mathrm{m}}(k+1)$充分接近 $y(k+1)$，这时就可将 $y_{\mathrm{m}}(k+1)$作为控制系统的输出预测值，该神经网络即成为预测模型。

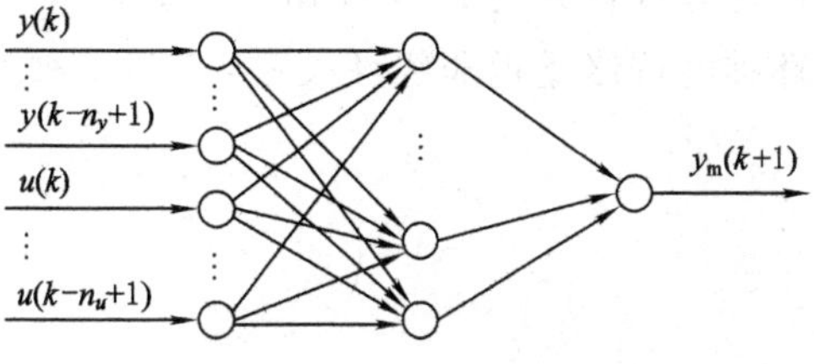

图 2-15　NARMA 的前向神经网络模型

在使用图 2-15 所示的前向神经网络做滚动优化时，需要存储 k 时刻以前的 n_u-1 个历史控制序列，以及 n_y 个输出值历史序列，作为预测时网络的输入信号。如果采用循环网络，则不必存储这些历史值。例如，可以构建如图 2-16 所示的循环神经网络模型。图中输出信号 $y_{\mathrm{m}}(k+1)$通过延迟环节反向传输，形成了反馈环，所以是循环网络。比较图 2-16，图 2-15 可知，正是这些反馈部分使得循环网络的输入只有 $u(k)$，便可以预测控制系统的输出 $y_{\mathrm{m}}(k+1)$。

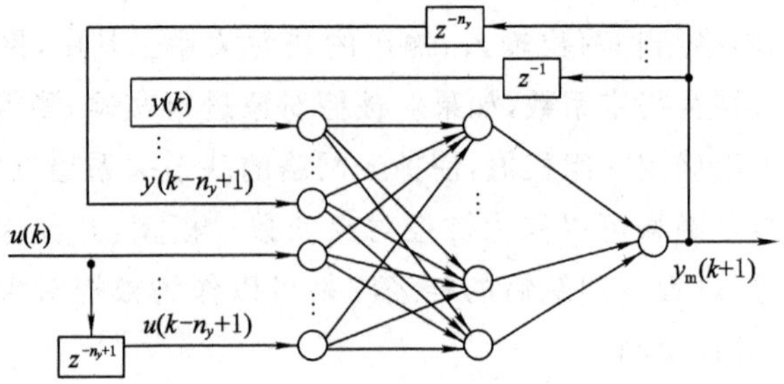

图 2-16　NARMA 的循环神经网络模型

2.4　本章小结

由于神经网络预测控制属于 MPC，所以本章首先讲述 MPC 的工作原理，详细说明了预测模型、滚动优化、反馈校正的原理；然后结合一个具体线性系统，进行了 MPC 仿真，用脉冲响应模型进行预测，目标函数仅考虑了预测值与参考输入值的误差，并据此设计了简单的滚动优化算法；分别对开环 MPC 和闭环 MPC 的单位阶跃响应仿真，结果表明开环 MPC 对已建模的被控对象控制效果较好，但不能控制未建模部分及扰动，采用反馈校正构成闭环则可以弥补这些不足。针对非线性系统的 NARMA 模型表示方式，分别研究了用前向神经网络和循环神经网络逼近非线性关系，实现了神经网络模型的预测功能。

第 3 章　MLP 神经网络预测控制

多层感知器(MLP)神经网络预测控制指的是,用 MLP 神经网络建立被控对象的数学模型并对其未来的输出进行预测,通过滚动优化、反馈校正对系统进行控制。

3.1　感知器

感知器是神经网络领域中研究的比较早,也相对较为成熟的一种网络模型。早在 1958 年,Rosenblatt 就提出了第一个感知器模型[95]。感知器多采用有教师的监督学习算法训练网络,最初主要用于模式分类。感知器分为单层感知器和多层感知器,单层感知器仅由一层神经元构成,是一种结构简单前向网络,主要用来区分线性可分的数据,可以在有限的迭代次数中收敛;单层感知器在实现非线性映射方面明显不足,所以本书主要研究多层感知器。

1. MLP 模型结构

MLP 所包含的神经元的特性与单层感知器是一样的,基本结构都如图 2-11 所示。区别在于 MLP 包含的网络层次较多,一般有输入层、一个或多个隐层、输出层,如图 3-1 所示。

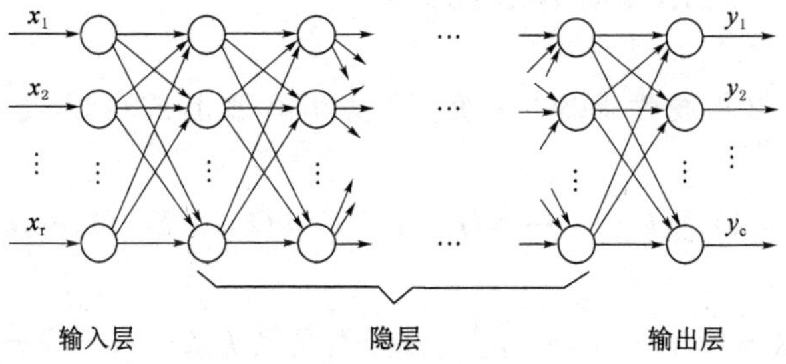

图 3-1　MLP 模型网络结构

由图 3-1 可见，MLP 的输入信号从输入到输出经层层前向传递通过网络，所以属于前向网络。如果将每一个神经元的激活函数都取为非线性函数，通过神经元间的互连传递，最终实现的输入信号到输出信号的非线性映射可能会很复杂，即可实现具有较强非线性的映射。由于这种网络结构每层的输出恰是下一层的输入，特别是多隐层存在时会使得网络的学习过程过于复杂。对单层感知器而言，由于神经元只有一层，而神经元的期望(样本)输出值是已知的，所以很容易计算网络误差，并根据误差来调节权值与偏置，使得网络输出逼近期望值；而多层感知器一般包含若干隐层，由于隐层的期望输出未知，故难以直接计算隐层的输出误差，也无法根据该误差来调节隐层的权值与偏置。当前 MLP 的训练多采用反向传播算法(back propagation, BP)，所以许多文献也称 MLP 网络为 BP 网络。

2. 反向传播算法

BP 算法最早由 Werbos 于 1974 年在其博士论文中提出，但由于当时处于人工神经网络研究的低潮期，故未引起关注。1985 年 Rumelhart，Hinton，McClelland 完整地提出了该算法，解决了 MLP 中隐层神经元连接权值及偏置的学习问题。BP 算法的核心思想是把学习过程分为两个阶段[96]：第一阶段为前向传播过程，输入信号由输入层进入网络，经输入层、隐层、输出层，逐层计算神经元的输出值；第二阶段为反向传播过程，若输出未达到期望值，则由输出层开始计算输出误差，并按输出层、隐层、输入层反向传播计算，在反向传播过程中，将误差分摊给各层的神经元，获得各层神经元的误差信号，并根据该误差值修改神经元的连接权值和偏置。

3.2 MLP 神经网络预测模型

对于未知的非线性 SISO 系统，假设其离散形式可以表示为 NARMA 模型：

$$y(k+1)=f(y(k),y(k-1),\cdots,y(k-n_y+1),u(k),u(k-1),\cdots,u(k-n_u+1)) \tag{3-1}$$

其中，$u(k),u(k-1),\cdots,u(k-n_u+1)$分别是第 $k,k-1,\cdots,k-n_u+1$ 采样时刻输入的控制量值；$y(k+1),y(k),y(k-1),\cdots,y(k-n_y+1)$分别是第 $k+1,k,k-1,\cdots,k-n_y+1$ 采样时刻被控对象的输出值；n_u、n_y 分别为输入控制量时间序列与被控对象输出时间序列的延迟阶次；f 表示未知的非线性映射关系。

假设当前采样时刻为 k，将 k 时刻之前的值称为历史值，在 k 时刻，控制器可以通过检测单元测量被控对象的实际输出 $y(k)$，而控制量是由控制器输出的，所以对控制器而言，当前输出以及输入、输出的历史值都是已知的。令：

$$\boldsymbol{p}(k)=[\,y(k),y(k-1),\cdots,y(k-n_y+1),u(k),u(k-1),\cdots,u(k-n_u+1)]^{\mathrm{T}} \tag{3-2}$$

记向量 $\boldsymbol{p}(k)$ 的维数为：$R\times 1$，则有：$R=n_u+n_y$。若构造一个 MLP 神经网络，使其输入为向量 $\boldsymbol{p}(k)$，输出为 $y(k+1)$，利用实验测量的输入输出时间序列值来训练该神经网络，则训练后的 MLP 神经网络就能以一定精度逼近未知的非线性映射关系 f。在任意时刻 k，控制器只需测量被控对象的实际输出 $y(k)$，然后设定一个 $u(k)$，再将已知的历史值代入，MLP 神经网络就能计算下一个采样时刻（未来）的输出 $y(k+1)$，如此 MLP 神经网络就能实现一步预测功能。

3.2.1　一步预测模型

一步预测模型如图 3-2 所示，MLP 神经网络为三层前向网络，即输入层、隐含层、输出层，网络只有一个包含 S_1 个神经元的隐含层，神经元激活函数取为 Sigmoid 函数：

$$a(x)=\frac{1}{1+\mathrm{e}^{-x}} \tag{3-3}$$

网络的输出层取为线性输出函数，图 3-2 中，其他各参数的意义如下：

S_2——输出层神经元的个数，对单输出系统有：$S_2=1$；

$\boldsymbol{IW}$——输入层权值矩阵，维数 $S_1\times R$；

$\boldsymbol{LW}$——输出层权值矩阵，维数 $S_2\times S_1$；

b_1——输入层偏置向量，维数 $S_1\times 1$；

b_2——输出层偏置向量，维数 $S_2\times 1$；

$n_1(k)$——隐含层输入向量，维数 $S_1\times 1$；

$a(k)$——隐含层输出向量，维数 $S_1\times 1$；

$n_2(k)$——隐含层加权输出向量，维数 $S_2\times 1$；

$y_{\mathrm{m}}(k+1)$——被控对象的预测输出，下标 m 用于区别实际输出 $y(k+1)$。

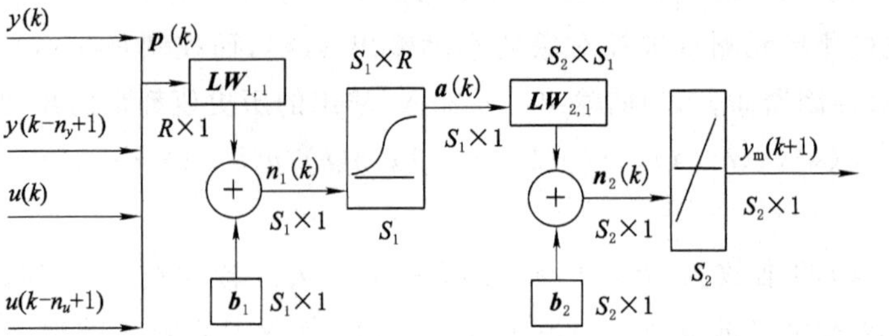

图 3-2 MLP 神经网络一步预测模型[79]

由图 3-2 可知，对一步预测模型有以下等式成立：

$$\boldsymbol{n}_1(k)=\boldsymbol{IW}\times\boldsymbol{P}(k)+\boldsymbol{b}_1 \tag{3-4}$$

$$\boldsymbol{a}(k)=\boldsymbol{a}(\boldsymbol{n}_1(k))=(1+\exp(-\boldsymbol{n}_1(k))).^{-1} \tag{3-5}$$

$$y_{\mathrm{m}}(k+1)=\boldsymbol{LW}\times\boldsymbol{a}(k)+\boldsymbol{b}_2 \tag{3-6}$$

式(3-5)中，“$.^{-1}$”表示向量的点乘 −1 次方，即向量中的每一个元素取 −1 次方。根据式(3-4)、(3-5)、(3-6)可以推导出 MLP 神经网络一步预测模型的输出公式为：

$$y_{\mathrm{m}}(k+1)=\boldsymbol{LW}\times(1+\exp(-\boldsymbol{IW}\times\boldsymbol{p}(k)-\boldsymbol{b}_1)).^{-1}+\boldsymbol{b}_2 \tag{3-7}$$

式(3-7)即为 MLP 神经网络一步预测模型的计算公式。需要说明的是，公式右边只有向量 $\boldsymbol{p}(k)$ 中包含一个变量“$u(k)$”，其他参数都是已知的，也就是说，MLP 神经网络在使用前，要离线学习或通过其他辨识方法确定相关参数。

3.2.2 多步预测模型

根据一步预测模型建立多步预测模型的方法主要有以下两种：

一种是通过递归调用一步预测模型的方法来实现，以 k 时刻为例说明，由一步预测模型可以计算出下一时刻的预测输出 $y_{\mathrm{m}}(k+1)$，这时更新一步预测模型的输入向量 $\boldsymbol{p}(k)$ 为 $[y_{\mathrm{m}}(k+1), y(k), y(k-1), \cdots, y(k-n_y+2), u(k+1), u(k), \cdots, u(k-n_u+2)]^{\mathrm{T}}$，舍弃掉原来向量中的 $y(k-n_y+1)$、$u(k-n_u+1)$，这样 $\boldsymbol{p}(k)$ 中仍旧只有一个未知变量 $u(k+1)$，只需设定 $u(k+1)$ 并再次调用一步预测模型，就可以计算出 $y_{\mathrm{m}}(k+2)$，如此不断更新输入向量，递归调用一步预测模型，便可以预测未来任何时刻的输出，即给定未来控制量序列 $u(k)$，$u(k+1)$…递归调用一步预测模型就可以得到未来的输出序列 $y(k+1)$，$y(k+2)$…

递归调用一步预测模型的优点是，只使用一个 MLP 神经网络，占用的硬件资源较少；缺点是递归调用所耗时间成倍增加，会影响预测的实时性。

另一种方法是通过多个 MLP 神经网络的级联来实现，一个 d 步预测模型的 MLP 神经网络级联如图 3-3 所示，通过这种级联方式，在任意采样时刻 k，控制器只需测量被控对象实际输出 $y(k)$，然后设定 d 个控制量序列 $u(k)$，$u(k+1)$，…，$u(k+d-1)$，再将已知的相对当前 k 时刻的历史值代入，MLP 神经网络 d 步预测模型就能自动计算未来采样时刻被控对象的输出预测序列 $y_m(k+1)$，$y_m(k+2)$，…，$y_m(k+d)$。

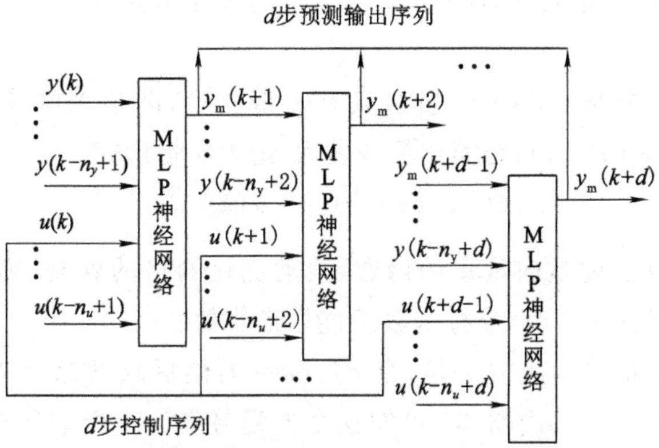

图 3-3　MLP 神经网络多步预测模型

采用多个 MLP 神经网络的级联来实现多步预测的优点是，预测所需时间基本与一步预测相同，实时性较好，缺点是占用的硬件资源较多。当然，如果神经网络由软件实现，这两种方法的区别就不大了。

3.3　牛顿-拉夫逊滚动优化算法

在预测控制理论中，预测序列和控制序列的个数分别称为预测时域和控制时域，且预测时域一般要求大于等于控制时域，本书采用预测时域等于控制时域的方式，即预测时域和控制时域都等于预测步数 d。

控制量的变化在一些实际的工业系统中往往要产生能量的消耗，很多情况下，需要考虑在保证控制性能的前提下，兼顾能量的消耗，如果不考虑控制系统的约束条件，可以采用如下的二次性函数为滚动优化的目标函数：

$$J = \sum_{i=1}^{d}(y_{\mathrm{m}}(k+i) - y_{\mathrm{r}}(k+i))^2 + \lambda\sum_{i=0}^{d-1}(u(k+i) - u(k+i-1))^2 \tag{3-8}$$

式中，$y_{\mathrm{m}}(k+i)$是未来第 $k+i$ 时刻预测模型预测的被控对象输出；$y_{\mathrm{r}}(k+i)$是未来第 $k+i$ 时刻外部指定的参考输入；$u(k+i)$是未来第 $k+i$ 时刻获得 $y_{\mathrm{m}}(k+i)$预测输出所使用的控制量；λ 为目标函数的权重因子，且有 $\lambda\geqslant 0$，λ 越大说明越注重控制量的变化，越小说明越注重控制性能，$y_{\mathrm{m}}(k+i)-y_{\mathrm{r}}(k+i)$表征未来预测输出与外部指定参考输入的误差，它的大小能够表征控制系统的控制性能。

由上节的分析知，式(3-8)右边只有一组变量，即未来的控制序列 $u(k)$，$u(k+1)$，…，$u(k+d-1)$，为简化符号表示，记为向量形式：

$$\boldsymbol{u}=[u(k),u(k+1),\cdots,u(k+d-1)]^{\mathrm{T}} \tag{3-9}$$

则目标函数 J 就是向量 $\boldsymbol{u}$ 的函数，滚动优化的目的就是，确定一个向量 $\boldsymbol{u}$ 的值 $\boldsymbol{u}^*$，使得当 $\boldsymbol{u}=\boldsymbol{u}^*$ 时，目标函数 J 能取最小值。

求函数极小值的一般方法是，令 $\mathrm{d}J/\mathrm{d}\boldsymbol{u}=0$，然后求解这个方程，所得到的解就是 $\boldsymbol{u}^*$，由式(3-7)、式(3-8) 可知这个方程将变为一个非线性方程组，直接求解几乎是不可能的，为此，可以利用局部数值优化的方法来获得一个次优解，在众多的局部数值优化算法中，已经证明牛顿-拉夫逊(Newton-Raphson N-R)方法能够达到二阶收敛，速度较快，所以，为了增强预测控制的实时性，在此采用 N-R 方法做滚动优化。

N-R 方法是一种迭代算法，具体的迭代公式可以表示为：

$$\boldsymbol{u}^{j+1}=\boldsymbol{u}^{j}-[\mathbf{H}^{j}]^{-1}\boldsymbol{J}^{j} \tag{3-10}$$

式中，$\boldsymbol{u}^{j+1}$，$\boldsymbol{u}^{j}$ 分别为第 $j+1$，j 次迭代的控制向量；$\boldsymbol{H}^{j}$ 是第 j 次迭代的海森矩阵，$\boldsymbol{J}^{j}$ 是第 j 次迭代的雅可比矩阵。

对 d 步预测控制，根据式(3-9)、式(3-10)，目标函数的雅可比矩阵结构形式为：

$$\boldsymbol{J}=\frac{\partial J}{\partial \boldsymbol{u}}\begin{bmatrix}\dfrac{\partial J}{\partial u(k)} & \dfrac{\partial J}{\partial u(k+1)} & \cdots & \dfrac{\partial J}{\partial u(k+d-1)}\end{bmatrix}^{\mathrm{T}} \tag{3-11}$$

海森矩阵的结构形式为：

$$
\boldsymbol{H}=\frac{\partial^2 J}{\partial \boldsymbol{u}^2}=\begin{bmatrix}
\frac{\partial^2 J}{\partial u(k)^2} & \frac{\partial^2 J}{\partial u(k)\partial u(k+1)} & \cdots & \frac{\partial^2 J}{\partial u(k)\partial u(k+d-1)} \\
\frac{\partial^2 J}{\partial u(k+1)\partial u(k)} & \frac{\partial^2 J}{\partial u(k+1)} & \cdots & \frac{\partial^2 J}{\partial u(k+1)\partial u(k+d-1)} \\
\vdots & \vdots & \vdots & \vdots \\
\frac{\partial^2 J}{\partial u(k+d-1)^2\partial u(k)} & \frac{\partial^2 J}{\partial u(k+d-1)\partial u(k+1)} & \cdots & \frac{\partial^2 J}{\partial u(k+d-1)}
\end{bmatrix} \tag{3-12}
$$

为简化计算，取预测步数 $d=2$，即预测时域与控制时域都等于 2，下面先来求目标函数的雅可比矩阵：

根据式(3-4)、式(3-5)、式(3-6)、式(3-7)、式(3-8)、式(3-11)，将雅可比矩阵的第一项展开，可以得到第一项的计算公式如下：

$$
\begin{aligned}
\frac{\partial J}{\partial u(k)}=&2(y_{\mathrm{m}}(k+1)-y_r(k+1))\frac{\partial y_{\mathrm{m}}(k+1)}{\partial u(k)}+2(y_{\mathrm{m}}(k+2)\\
&-y_{\mathrm{r}}(k+2))\frac{\partial y_{\mathrm{m}}(k+2)}{\partial u(k)}+2\lambda(2u(k)-u(k-1)-u(k+1))
\end{aligned} \tag{3-13}
$$

$$
\frac{\partial y_{\mathrm{m}}(k+1)}{\partial u(k)}=\boldsymbol{LW}\times((\boldsymbol{a}(k)-\boldsymbol{a}(k).^{2}).\times\boldsymbol{IW}(:,n_y+1)) \tag{3-14}
$$

$$
\begin{aligned}
\frac{\partial y_{\mathrm{m}}(k+2)}{\partial u(k)}=&\boldsymbol{LW}\times((\boldsymbol{a}(k+1)-\boldsymbol{a}(k+1).^{2}).\\
&\times\left(\mathbf{IW}(:,1)\frac{\partial y_{\mathrm{m}}(k+1)}{\partial u(k)}+\boldsymbol{IW}(:,n_y+2))\right)
\end{aligned} \tag{3-15}
$$

式(3-14)、式(3-15)中，运算符“. ×”是向量间进行点乘运算，即相同维数的两个向量，对应位置的元素相乘，得到相同维数的新向量为两向量的点乘；运算符“. ²”是向量的点乘方；例如：$\boldsymbol{a}=[a_1,a_2,a_3]$，$\boldsymbol{b}=[b_1,b_2,b_3]$，则有：

$$
\boldsymbol{a}.\times\boldsymbol{b}=[a_1\times b_1,a_2\times b_2,a_3\times b_3]
$$

$$
\boldsymbol{a}.^{2}=[a_{12},a_{22},a_{32}]
$$

$\boldsymbol{IW}(:,n_y+1)$表示输入权值矩阵的第 n_y+1 列向量，同理，$\boldsymbol{IW}(:,1)$、$\boldsymbol{IW}(:,n_y+2)$分别表示第 1、n_y+2 列向量。

根据式(3-4)、式(3-5)、式(3-6)、式(3-7)、式(3-8)、式(3-11)，将雅可比矩阵的第二项展开，可以得到第二项的计算公式如下：

$$\frac{\partial J}{\partial u(k+1)}=2(y_{\mathrm{m}}(k+2)-y_{\mathrm{r}}(k+2))\frac{\partial y_{\mathrm{m}}(k+2)}{\partial u(k)}+2\lambda(u(k+1)-u(k)) \tag{3-16}$$

$$\frac{\partial y_{\mathrm{m}}(k+2)}{\partial u(k+1)}=\boldsymbol{LW}\times((\boldsymbol{a}(k+1)-\boldsymbol{a}(k+1).^{2}).\times\boldsymbol{IW}(:,n_y+1)) \tag{3-17}$$

式(3-13)、式(3-14)、式(3-15)、式(3-16)、式(3-17)，给出了两步预测的雅可比矩阵计算方法。下面来求目标函数的雅可比矩阵：

根据式(3-4)、式(3-5)、式(3-6)、式(3-7)、式(3-8)、式(3-11)，可得：

$$\begin{aligned}\frac{\partial^2 J}{\partial u(k)^2}=&2\left(\frac{\partial y_{\mathrm{m}}(k+1)}{\partial u(k)}\right)^2+2(y_{\mathrm{m}}(k+1)-y_{\mathrm{r}}(k+1))\frac{\partial^2 y_{\mathrm{m}}(k+1)}{\partial u(k)^2}+\\&2\left(\frac{\partial y_{\mathrm{m}}(k+2)}{\partial u(k)}\right)^2+2(y_{\mathrm{m}}(k+2)-y_{\mathrm{r}}(K+2))\frac{\partial^2 y_{\mathrm{m}}(k+2)}{\partial u(k)^2}+4\lambda\end{aligned} \tag{3-18}$$

$$\frac{\partial^2 y_{\mathrm{m}}(k+1)}{\partial u(k)^2}=\boldsymbol{LW}\times((\boldsymbol{a}(k)-3\boldsymbol{a}(k).^{2}+2\boldsymbol{a}(k).^{3}).\times(\boldsymbol{IW}(:,n_y+1)).^{2}) \tag{3-19}$$

$$\begin{aligned}\frac{\partial^2 y_{\mathrm{m}}(k+2)}{\partial u(k)^2}=&\frac{\partial^2 y_{\mathrm{m}}(k+1)}{\partial u(k)^2}\boldsymbol{LW}\times(((\boldsymbol{a}(k+1)-\boldsymbol{a}(k+1).^{2})).\times(\boldsymbol{IW}(:,1)))\\&+\boldsymbol{LW}\times((\boldsymbol{a}(k+1)-3\boldsymbol{a}(k+1).^{2}+2\boldsymbol{a}(k+1).^{3})2\boldsymbol{a}(k).^{3})\\&.\times(\boldsymbol{IW}(:,1)\frac{\partial y_m(k+1)}{\partial u(k)}+\boldsymbol{IW}(:,n_y+2)).^{2})\end{aligned} \tag{3-20}$$

$$\begin{aligned}\frac{\partial^2 J}{\partial u(k)\partial u(k+1)}=&\frac{\partial^2 J}{\partial u(k+1)\partial u(k)}=2\,\frac{\partial y_{\mathrm{m}}(k+2)}{\partial u(k)}\ \frac{\partial y_{\mathrm{m}}(k+2)}{\partial u(k+1)}\\&+2(y_{\mathrm{m}}(k+2)-y_{\mathrm{r}}(k+2))\times\frac{\partial^2 y_{\mathrm{m}}(k+2)}{\partial u(k)\partial u(k+1)}-2\lambda\end{aligned} \tag{3-21}$$

$$\begin{aligned}\frac{\partial^2 y_{\mathrm{m}}(k+2)}{\partial u(k)\partial u(k+1)}=&\boldsymbol{LW}\times((\boldsymbol{a}(k+1)-3\boldsymbol{a}(k+1).^{2}+2\boldsymbol{a}(k+1).^{3}).\times\\&(\boldsymbol{IW}(:,n_y+1).\times(\boldsymbol{IW}(:,1)\frac{\partial y_{\mathrm{m}}(k+1)}{\partial u(k)}+\boldsymbol{IW}(:,n_y+2))\end{aligned} \tag{3-22}$$

$$\frac{\partial^2 J}{\partial u(k+1)^2}=2\left(\frac{\partial y_{\mathrm{m}}(k+2)}{\partial u(k+1)}\right)^2+2(y_{\mathrm{m}}(k+2)-y_{\mathrm{r}}(k+2))\frac{\partial^2 y_{\mathrm{m}}(k+2)}{\partial u(k+1)^2}+2\lambda \tag{3-23}$$

$$\begin{aligned}\frac{\partial^2 y_{\mathrm{m}}(k+2)}{\partial u(k+1)^2}=&\boldsymbol{LW}+((\boldsymbol{a}(k+1)-3\boldsymbol{a}(k+1).^{2}+2\boldsymbol{a}(k+1).^{3}).\times\\&((\boldsymbol{IW}(:,n_y+1)).^{2})\end{aligned} \tag{3-24}$$

由式(3-18)～式(3-24),可以算出两步预测目标函数的海森矩阵。

使用 N-R 方法进行滚动优化时,由迭代公式(3-10)知,需要赋予迭代公式一个初始值即 $\boldsymbol{u}^0$,将 $\boldsymbol{u}^0$ 代入上面推导的公式就可以计算出雅可比矩阵 $\boldsymbol{J}^0$、海森矩阵 $\boldsymbol{H}^0$,然后根据式(3-10)即可算出 $\boldsymbol{u}^1$,再次将 $\boldsymbol{u}^1$ 代入上面推导的公式就可以计算出雅可比矩阵 $\boldsymbol{J}^1$、海森矩阵 $\boldsymbol{H}^1$,然后根据式(3-10)即可算出 $\boldsymbol{u}^2$,如此不断迭代,就可以得到一个迭代序列:$\boldsymbol{u}^0,\boldsymbol{u}^1,\boldsymbol{u}^2\cdots$ 这个序列将收敛到目标函数的极值点。

迭代过程需要设置终止条件,否则,算法会无休止地执行下去而陷入死循环,终止条件的设定应考虑控制量的精度要求,过分地迭代虽然能更加逼近极值点,但也会消耗大量的时间,所以,可将终止条件设定为:当前、后两次迭代所得控制量的增量小于某一个小的正常数时,终止迭代过程,例如,$[\boldsymbol{u}^{j+1}-\boldsymbol{u}^j]^{\mathrm{T}}[\boldsymbol{u}^{j+1}-\boldsymbol{u}^j]<\varepsilon$,其中,$\varepsilon$ 为小的正常数。另外,为了保证算法的实时性,也可以在迭代时设置最大迭代次数 D_{m},当达到该值时,算法即终止。

设第 j 次迭代终止,则最优(实质上是次优)控制量可以取为:$\boldsymbol{u}^*=\boldsymbol{u}^j$,也可以取为:$\boldsymbol{u}^*=(\boldsymbol{u}^j+\boldsymbol{u}^{j-1})/2$,至此,滚动优化完成。

3.4　反馈校正

反馈校正采用第 2 章所述的利用当前预测误差来修正未来参考输入的方法,在当前控制时刻 k,控制系统通过测量系统的输出,得到被控对象的实际输出 $y(k)$,通过与 k 时刻的预测输出 $y_{\mathrm{m}}(k)$ 比较得到误差 $e(k)$:

$$e(k)=y_{\mathrm{m}}(k)-y(k) \tag{3-25}$$

然后,利用这个误差 $e(k)$ 来对参考输入做修正,对两步预测而言,参考输入可以修正为:

$$\begin{cases} y_{\mathrm{r}}'(k+1)=y_{\mathrm{r}}(k+1)+\delta e(k) \\ y_{\mathrm{r}}'(k+2)=y_{\mathrm{r}}(k+2)+\delta e(k) \end{cases} \tag{3-26}$$

其中,δ 为校正系数,将校正后的参考输入 $y_{\mathrm{r}}'(k+1)$、$y_{\mathrm{r}}'(k+2)$ 代替给定的参考输入 $y_{\mathrm{r}}(k+1)$、$y_{\mathrm{r}}(k+2)$ 来实现滚动优化,就能完成了反馈校正。

3.5　控制器工作原理

采用 N-R 方法进行滚动优化的 MLP 神经网络预测控制器的结构如图 3-4

所示，图中虚线框内为 MLP 神经网络预测控制器，主要包括：MLP 神经网络预测模型、N-R 滚动优化器、延迟环节、反馈环节。

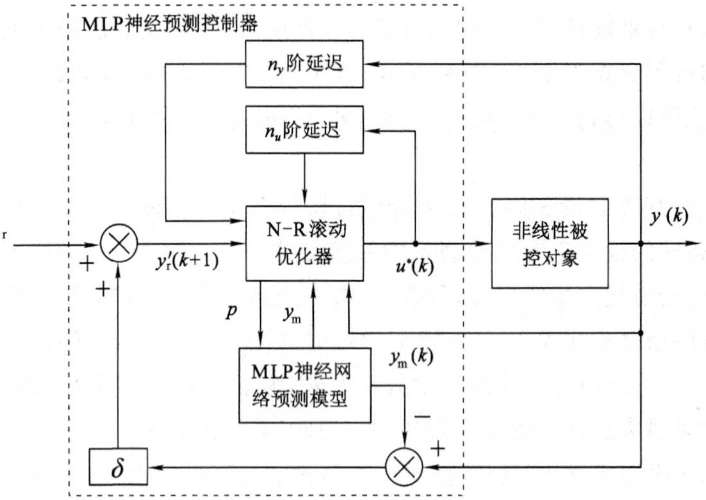

图 3-4　MLP 神经网络预测控制器结构图

控制器工作前先要训练 MLP 神经网络，使其能够充分逼近非线性被控对象的输入输出映射关系，并对相关的参数做初始化。MLP 神经网络的训练方法是：通过定时（即采样周期）输入控制量，同时测量被控对象的输出值，获得输入输出的时间序列值：$u(1)$ ，$u(2)\cdots y(2)$，$y(3)\cdots$将这些数据记录形成训练样本；对训练样本数据进行模型辨识，获得延迟环节的阶数：n_u、n_y；确定 MLP 神经网络的输入向量 $\boldsymbol{p}$，根据图 3-2、图 3-3 构造 MLP 神经网络；用样本数据训练神经网络，调节网络的权值与偏置参数，使其以一定精度逼近样本数据。MLP 神经网络训练完成后，相应权值及偏置变为常数，这时的神经网络就可以用于预测系统输出值。控制器初始化的参数主要有：目标函数的权重因子 λ、0 时刻的网络输入向量 $\boldsymbol{p}(0)$、迭代初始控制量 $\boldsymbol{u}^0$，反馈校正系数 δ，迭代终止常数 ε，最大迭代次数 D_m。

控制器工作时首先检测当前被控对象输出，然后与预测输出比较，用得到的误差修正参考输入，即先完成反馈校正。

接下来，控制器将调用延迟环节，设定当前时刻控制量，构造输入向量 $\boldsymbol{p}$，将其输入到 MLP 神经网络预测模型，获得预测输出 y_m，完成预测过程。

然后，控制器启动 N-R 滚动优化器，按 3.3 节所述的滚动优化方法，完成优化过程，获得最优控制量 $\boldsymbol{u}^*$ 。

最后，控制器将 $\boldsymbol{u}^*$ 中的第一个控制量值，用于控制非线性被控对象。

综上，当 MLP 神经网络训练完成后，控制器的工作过程可以归结为以下四步：

第一步：初始化，系统上电时控制器需要初始化以下参数：λ、$\boldsymbol{p}(0)$、$\boldsymbol{u}^0$、δ、ε、D_{m}。

第二步：反馈校正，根据公式(3-25)、(3-26)，修正参考输入值。

第三步：根据 N-R 迭代公式进行滚动优化得到最优控制量 $\boldsymbol{u}^*$ 。

置初始迭代步数 $j=0$：

① 根据公式(3-13)～(3-17)计算两步预测的雅可比矩阵，根据公式(3-18)～(3-24)计算出两步预测的海森矩阵，根据公式(3-10)计算 $\boldsymbol{u}^{j+1}$ 。

② 如果$[\boldsymbol{u}^{j+1}-\boldsymbol{u}^j]^{\mathrm{T}}[\boldsymbol{u}^{j+1}-\boldsymbol{u}^j]<\varepsilon$，或者 $j>D_{\mathrm{m}}$，则转第四步，否则，设置 $j+1\to j$，$\boldsymbol{u}^{j+1}\to\boldsymbol{u}^j$，转① 。

第四步：用最优控制量进行控制，计算最优控制量：$\boldsymbol{u}^*=(\boldsymbol{u}^j+\boldsymbol{u}^{j-1})/2$，用 $\boldsymbol{u}^*$ 序列中的第一个控制量去实现控制；调用预测模型得到下一个采样时刻的预测值 y_{m}。

需要说明的是，延迟环节的实施可以采用存储器的方法，例如，对 n_u 阶延迟环节，使用 n_u 个存储单元，在第 k 采样时刻，分别存储第 $k,k-1,\cdots,k-n_u+1$ 个采样时刻的值，在第 $k+1$ 采样时刻，更新存储单元为 $k+1\to k,k\to k-1,\cdots,k-n_u+2\to k-n_u+1$，将第 $k-n_u+1$ 时刻的值丢弃。如果采用这种方法，控制器最后还要完成延迟环节的存储器单元更新工作。

3.6　控制系统仿真

控制系统仿真基于软件 MATLAB 2012b，为了获得实验测量数据，此处用以下离散非线性系统代替实际被控对象进行仿真：

$$y(k+1)=u(k)^3+\frac{y(k)}{1+y(k)^2}-1.4\sin(1.5y(k)) \tag{3-27}$$

这是一个具有较强非线性的动态系统，由(3-27)的表达式明显可知，系统的延迟环节具有阶数：$n_u=1$、$n_y=1$；所以，此处可以略去 n_u、n_y 的参数辨识过程，直接进行 MLP 神经网络的建模。

3.6.1 MLP 神经网络建模

首先确定 MLP 神经网络的输入输出：由图 3-2 知，网络的输入维数 $R=n_u+n_y=2$，输入向量的结构形式为：$[y(k),u(k)]^T$；网络输出为 $y_m(k+1)$，所以需要构造一个如图 3-2 所示的两输入一输出的 MLP 神经网络，可以利用 MATLAB 的函数“newff”构造 MLP 神经网络。

其次是产生样本数据：利用 MATLAB 中的函数“rand”在[−2,2]区间内随机产生 1 000 个数据，用于做控制量时间序列 $u(1),u(2),\cdots,u(1000)$。

编写以下程序：

```
%用于仿真的离散非线性函数:ym(k+1)=u(k)^3+ym(k)/(1+ym(k)^2)-1.4*sin(1.5*ym(k));
% 训练数据生成
u=rand(1,1000)*4-2;                    %随机产生 1000 个控制量序列
plot(u,'o');                            %绘制控制量时间序列
xlabel('采样时刻 k');
ylabel('控制量 u(k)');
```

执行程序可得到输入控制量时间序列如图 3-5 所示，可见控制量在整个区间内分布较为均匀，这样才能产生足够的训练神经网络样本。

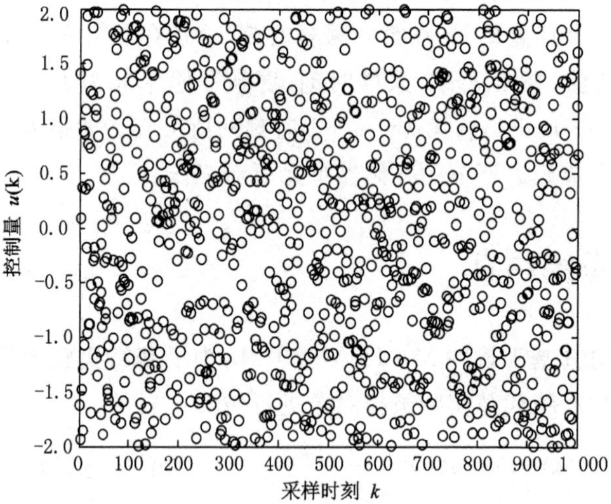

图 3-5　控制量时间序列

下面求在控制量输入下的被控对象输出数据，编写程序：

```
y=zeros(1,1001);                        %将输出初始化为零
for k=1:1:1000;                         %计算被控对象的输出数据
    y(k+1)=u(k)^3+y(k)/(1+y(k)^2)-1.4*sin(1.5*y(k));
end
yo=y(2:1001);                           %神经网络的输出训练样本数据
p=[u; y(1:1000)];                       %神经网络的输入训练样本数据
plot(yo,'o','MarkerEdgeColor','r');     %绘制输出时间序列
xlabel('采样时刻 k');
ylabel('输出 y(k)');
```

将 $y(1)$ 初始化为 0，通过递归调用公式(3-27)，可以计算出系统的输出时间序列 $y(2),y(3),\cdots,y(1001)$，执行以上程序可得到输出时间序列如图 3-6 所示，由于输出的数据主要集中在[−1,1]区间，因此控制时参考输入不宜超出此范围。将 $[y(k),u(k)]^{\mathrm{T}}$ 做输入数据序列，$y(k+1)$ 做输出时间序列，$k=1,2,\cdots,1000$，则可以得到 1000 个样本数据。

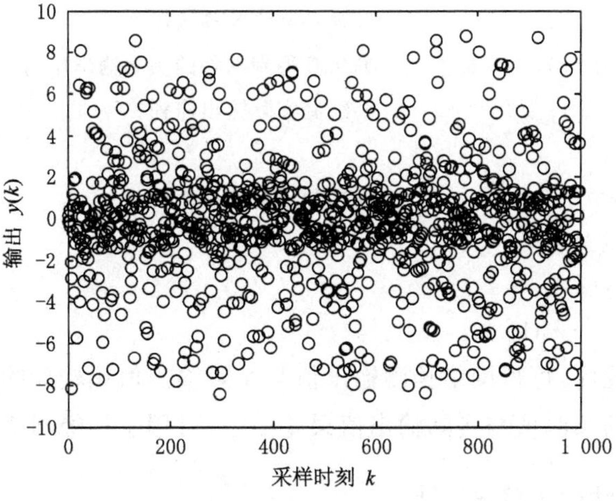

图 3-6　输出时间序列

编写程序构建 MLP 神经网络，并用上面产生的样本数据训练神经网络，使之成为被控对象的预测模型。

```
% MLP 神经网络建立
n=30;                                   %设定神经元个数
net=newff(minmax(p),[n,1],{'logsig''purelin'});
```

```
                                %非线性层激活函数为 sigmoid 函数，输出为线性
% MLP 神经网络训练
net.trainParam.epochs=800;      %网络训练时间设置为 800
net.trainParam.goal=0.0001;     %网络训练精度设置为 0.0001
net=trainbfg(net,p,yo);         %采用 BFGS 拟牛顿反向传播算法训练网络
```

为测试训练后的 MLP 网络对非线性关系式(3-27)的预测误差，在[－2,2]区间内随机产生 50 个数据，比较系统的实际输出与预测输出。编写程序：

```
% 网络预测输出值与实际输出值比较测试
uc=rand(1,50)*4-2;              %随机产生 50 个控制量序列
yc=zeros(1,51);                 %将实际输出初始化为零
for k=1:1:50;
    yc(k+1)=uc(k)^3+yc(k)/(1+yc(k)^2)-1.4*sin(1.5*yc(k));
                                %计算系统实际输出
end
y_e=yc(2:51);                   %得到实际输出序列
p=[uc;yc(1:50)];                %神经网络的输入序列
y_mlp=sim(net,p);               %仿真得到网络的预测输出序列
plot(y_e,'--b');                %绘制实际输出序列
hold on;
plot(y_mlp,'r');                %绘制预测输出序列
xlabel('采样时刻 k');
ylabel('输出 y(k)');
legend('y(k)','y_m(k)');
```

执行以上程序，可得网络预测输出值与实际输出值比较如图 3-7 所示，由图可知神经网络的预测值与实际输出值误差极小，可用于神经网络预测控制。

3.6.2 N-R 滚动优化算法设计

将 N-R 滚动优化算法设计为一个函数，编写以下程序：

```
%牛顿-拉夫逊算法程序
function ubest=NL_alg(uk,uold,yk_1,ye)
%uk 优化初始控制量，uold 为优化前一时刻控制量，yk_1 为 k-1 时刻输出，ye 为期望输出
global IW LW b1 b2 lamda        %将网络权值、偏置及权重因子声明为全局变量
ep=0.001;                       %算法停止误差
```

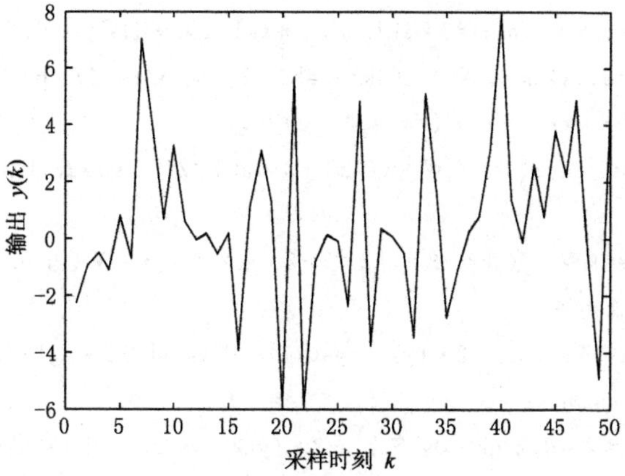

图 3-7　实际输出与预测输出结果比较

```
ubest1=uk;
ubest2=uk+1;
Dm=500;                                    %设置最大迭代次数
i=0;
while(((ubest2-ubest1)'*(ubest2-ubest1)>ep)&&(i<Dm))
    ubest2=ubest1;
    i=i+1;
    %计算神经网络输出
    ak1=logsig(IW*[ubest2(1);yk_1]+b1);
    yk1=LW*ak1+b2;
    ak2=logsig(IW*[ubest2(2);yk1]+b1);
    yk2=LW*ak2+b2;
    %计算输出偏导数
    dyk1uk=LW*((ak1-ak1.^2).*IW(:,1));
    dyk2uk=LW*((ak2-ak2.^2).*(IW(:,2)*dyk1uk));
    dyk2uk1=LW*((ak2-ak2.^2).*IW(:,1));
    %计算 Jacbian 矩阵
    dFuk=2*(yk1-ye(1))*dyk1uk+2*(yk2-ye(2))*dyk2uk+2*lamda*(2*
ubest2(1)-uold-ubest2(2));
    dFuk1=2*(yk2-ye(2))*dyk2uk1+2*lamda*(ubest2(2)-ubest2(1));
    J=[dFuk;dFuk1];
```

```
        %计算输出二阶偏导数
        d2yk1uk=LW*((ak1-3*ak1.^2+2*ak1.^3).*(IW(:,1).^2));
        d2yk2uk=d2yk1uk*LW*((ak2-ak2.^2).*IW(:,2))+(dyk1uk)^2*LW*
((ak2-3*ak2.^2+2*ak2.^3).*(IW(:,2).^2));
        d2yk2ukuk1=dyk1uk*LW*((ak2-3*ak2.^2+2*ak2.^3).*IW(:,1).*IW
(:,2));
        d2yk2uk1=LW*((ak2-3*ak2.^2+2*ak2.^3).*(IW(:,1).^2));
        %计算海森矩阵
        d2Fuk=2*dyk1uk^2+2*(yk1-ye(1))*d2yk1uk+2*dyk2uk^2+2*(yk2-ye
(2))*d2yk2uk+4*lamda;
        d2Fukuk1=2*dyk2uk*dyk2uk1+2*(yk2-ye(2))*d2yk2ukuk1-2*lamda;
        d2Fuk1=2*dyk2uk1^2+2*(yk2-ye(2))*d2yk2uk1+2*lamda;
        H=[d2Fuk d2Fukuk1;d2Fukuk1 d2Fuk1];
        %牛顿-拉夫逊迭代
        ubest1=ubest2-(H^-1)*J;
    end
    %返回优化控制量
    ubest=(ubest1+ubest2)/2;
    return;
```

将以上函数保存为文件 NL_alg.m,以便于在控制系统仿真时调用。

3.6.3 跟踪控制仿真

根据 3.2～3.4 节所述原理、公式,以及 3.5 节所述步骤,编写两步预测控制的 N-R 滚动优化算法程序,可以对控制系统进行仿真,给定的参考信号分别取正弦及多工作点阶跃。

初始化的相关参数设置如下:函数的权重因子 $\lambda=0.01$、0 时刻的网络输入向量 $\boldsymbol{p}(0)=[0;0]$、迭代初始控制量 $\boldsymbol{u}^0=[1;1]$,反馈校正系数 $\delta=0.1$,迭代终止常数 $\varepsilon=0.001$,最大迭代次数 $D_m=500$;在控制开始后,按文献[76,77]提议的方法将 N-R 算法的初始迭代点设为上一时刻的最优控制量值,将参考输入分别设为正弦信号、多点阶跃信号进行仿真测试。

编写以下仿真测试程序:

```
%跟踪控制仿真程序
%MLP_model;                    %仿真前要对 MLP 网络训练,若已执行可注释掉
global IW LW b1 b2 lamda       %将 MLP 网络参数、权重系数声明为全局变量
```

```
IW=net.IW{1};                 %获取 MLP 网络权重与偏置
LW=net.LW{2,1};
b1=net.b{1};
b2=net.b{2};
lamda=0.01;                   %目标函数权重系数
%%参考输入为正弦信号
% t=1:0.5:20;
% ye=sin(t);                  %ye 为参考输入序列
%参考输入为多工作点阶跃信号
st=5;
ye=[ones(1,st)*1.6 ones(1,st)*0.4 ones(1,st)*0.6 ones(1,st)*1.5 ones(1,st)
*0.7 ones(1,st)*1.2 ones(1,st)*1.5];
%初始化
n=length(ye);                 %获取仿真步长
yk=zeros(1,n);                %初始化历史输出序列为零
ykol=zeros(1,n);              %初始化控制系统实际输出序列为零
uold=zeros(1,n);              %初始化历史控制序列为零
u0=[1;1];                     %初始化控制量初值
delte=0.01;                   %初始化反馈校正系数
fb_delte=0;                   %初始化反馈校正量为零,即第一步不做校正
for i=1:(n-1)
    %反馈校正,并调用 N-L 算法做滚动优化
    unew=NL_alg(u0,uold(i),yk(i),[ye(i)+fb_delte;ye(i+1)+fb_delte]);
    ykol(i)=unew(1)^3+yk(i)/(1+yk(i)^2)-1.4*sin(1.5*yk(i));    %计算被控
对象的输出值
    yk(i+1)=ykol(i);                        %更新历史输出序列
    ym=LW*logsig(IW*[unew(1);yk(i)]+b1)+b2;
                                            %计算 MLP 神经网络预测值
    fb_delte=(ykol(i)-ym)*delte;            %计算预测误差反馈校正量
    u0=unew;                                %将初始迭代点设为上一时刻的最优控
                                            制量
    uold(i+1)=unew(1);                      %更新历史控制序列
end
t=0:(n-1);                                  %绘制跟踪结果比较曲线
plot(t,ye,'--b',t,ykol,'r');
```

```
xlabel('采样时刻 k');
ylabel('输出 y(k)');
legend('y_r(k)','y(k)');
```

多点阶跃信号跟踪的结果如图 3-8 所示，注释掉多点阶跃信号代码，改为正弦信号输入，则可得跟踪的结果如图 3-9 所示，其中，虚线所示的 $y_r(k)$ 为外部给定参考输入，实线所示为加上预测控制后被控对象的实际输出，由图可以看出，MLP 神经网络预测控制器无法实现对给定参考信号的跟踪控制，在仿真的过程中也不断对参数进行调节，依然得不到满意的结果。

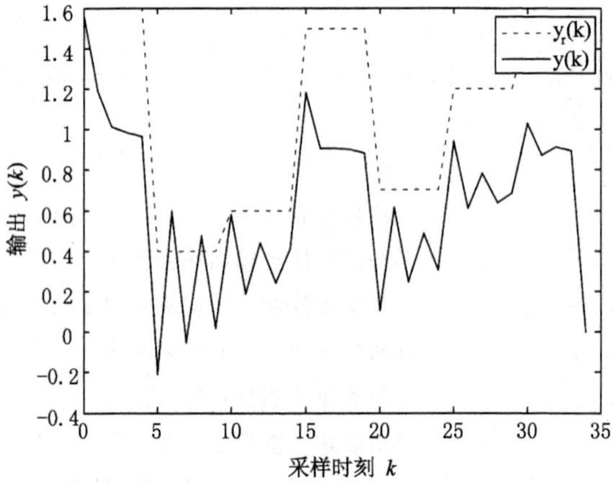

图 3-8 多点阶跃跟踪控制仿真结果

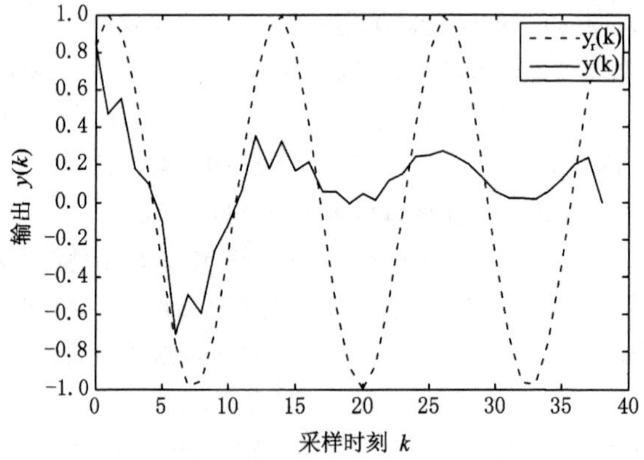

图 3-9 正弦信号跟踪控制仿真结果

3.7　仿真结果分析

通过大量仿真调试，可以发现，造成系统输出 $y(k)$无法跟踪参考输出$y_r(k)$的主要原因是由于 N-R 方法的局部优化特征造成的，对于具有较强非线性的被控系统，由于 MLP 神经网络的逼近特征，使得网络本身也具有了较强的非线性，由目标函数的表达公式(3-8)知，目标函数也是一个多元、强非线性的函数，其相对于未来控制量序列 $u(k),u(k+1),\cdots,u(k+d-1)$的超曲面一般是一个多峰值的类型，或者说超曲面具有较多的局部极小点，而 N-R 方法的迭代过程本质上是一种局部优化，迭代过程中只考虑了目标函数的下降方向，而没有顾及目标函数数值的大小，也就是说，N-R 方法只能收敛到初始值附近的一个极小点，除非初始值能设在全局极小点附近，否则，算法不可能收敛到全局极小点。如果算法收敛到一个具有较大数值的局部极小点，则目标函数的数值较大，必然带来控制性能的恶化，从而出现以上仿真过程中的问题。

为了说明以上分析的可能性，下面以上文仿真的实例做进一步分析实验。保持初始化设置的参数值不变，考虑在当前 k 时刻进行两步优化，其中，$u(k-1)=0.2$、$y(k)=0.8$、$y_r(k+1)=0.1$、$y_r(k+2)=0.9$，分别将 $u(k)$、$u(k+1)$在[－2,2]区间范围内按增量为 0.01 取值，并计算相应的目标函数值，在 MATLAB 中使用“surf”绘图函数将目标函数绘制，编写如下程序：

```
%绘制目标函数曲面
global IW LW b1 b2 lamda;          %将 MLP 网络参数、权重系数声明为全局变量
IW=net.IW{1};                      %获取 MLP 神经网络的权值、偏置
LW=net.LW{2,1};
b1=net.b{1};
b2=net.b{2};
uk_1=0.2;                          %u(k-1)=0.2
yk=0.8;                            %y(k)=0.8
ye=[0.1;0.9];                      %未来期望输出 yr(k+1)=0.1、yr(k+2)=0.9
uk=-2:0.01:2;                      %u(k)在[-2,2]区间范围内按增量为 0.01 取值
lamda=0.01;
%两步预测控制
uk1=-2:0.01:2;                     %u(k+1)在[-2,2]区间范围内按增量为 0.01 取值
J=zeros(length(uk),length(uk1));%目标函数值初始化为零
```

```
for i=1:length(uk)
    for j=1:length(uk1)
        ymk1=LW*logsig(IW*[uk(i);yk]+b1)+b2;
                                        %计算 ym(k+1)
        J1=(ymk1-ye(1))^2+lamda*(uk(i)-uk_1)^2;
                                        %计算第一步目标函数值
        ymk2=LW*logsig(IW*[uk1(j);ymk1]+b1)+b2;
                                        %计算 ym(k+2)
        J2=(ymk2-ye(2))^2+lamda*(uk1(j)-uk(i))^2;
                                        %计算第二步目标函数值
        J(i,j)=J1+J2;                   %计算总的目标函数值
    end
end
surf(uk,uk1,J);                         %绘制目标函数曲面
xlabel('u(k)');
ylabel('u(k+1)');
zlabel('J');
shading interp;
```

执行以上程序可绘制目标函数变化曲面如图 3-10 所示，此时，目标函数在 $u^*(k+1)=0.99$、$u^*(k+2)=1.127$ 处取全局最小点 $J_{\min}=0.006$。

由图 3-10 可以看出，在控制量 $u(k)$、$u(k+1)$的[-2,2]区域内，目标函数出现了很多的极小值点，这些点分布于各个位置，并不集中在全局最小点附近，N-R 方法最后收敛到哪一个极小值点，完全取决于初始值的选取。

为进一步了解初始值选在不同点时，N-R 方法会收敛于哪些极值点，采用上面测试 MLP 神经网络时的方法，在[-2,2]区间内随机产生 50 个未来控制量序列 $u^0(k)$、$u^0(k+1)$，分别将这些值设为 N-R 方法的迭代初始值，调用 N-R 滚动优化算法，得到优化的控制量序列 $u^*(k)$、$u^*(k+1)$，并计算在该优化控制序列作用下，目标函数 J^* 的大小，按预测控制的原理，计算在第一个元素 $u^*(k)$ 控制作用下 MLP 神经网络的输出与参考输入的误差 $e=y_m(k+1)-y_r(k+1)$，将作为 MLP 神经网络预测控制系统的控制误差，计算后的结果列于表 3-1 中。另外还计算了上面仿真时，将上一时刻的优化控制量 $u^*(k-1)$ 设为当前迭代初始值的方法，并将结果列在了表 3-1 的最后一行。

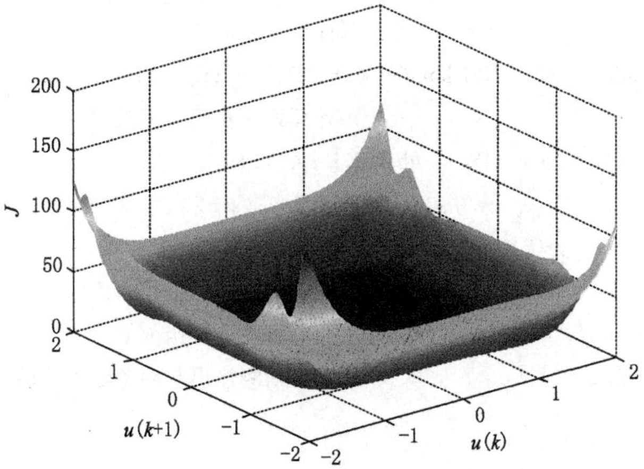

图 3-10　目标函数变化曲面图

编写以下程序测试选择不同初始值时的结果。

```
%选择不同初始值时的优化与控制误差结果比较
global IW LW b1 b2 lamda;            %将 MLP 网络参数、权重系数声明为全局变量
IW=net.IW{1};                        %获取 MLP 网络参数
LW=net.LW{2,1};
b1=net.b{1};
b2=net.b{2};
lamda=0.01;                          %设置权重系数为 0.01
uk_1=0.2;                            %u(k-1)=0.2
yk=0.8;                              %y(k)=0.8
ye=[0.1;0.9]; %未来期望输出 yr(k+1)=0.1、yr(k+2)=0.9
n=50;                                %随机产生 50 个初值 u0(k)、u0(k+1)
uk0=rand(1,n)*4-2;
uk10=rand(1,n)*4-2;
ubst=zeros(2,n);                     %优化控制量初始化为零
J=zeros(1,n);                        %目标函数初始化为零
e=zeros(1,n);                        %误差初始化为零
for i=1:n;
    u0=[uk0(i); uk10(i)];            %取优化控制量的初值
    ubst(:,i)=NL_alg(u0,uk_1,yk,ye);
                                     %调用牛顿拉夫逊算法得到优化控制量
```

```
    ymk1=LW * logsig(IW * [ubst(1,i);yk]+b1)+b2;
                                   %计算 ym(k+1)
    J1=(ymk1-ye(1))^2+lamda * (ubst(1,i)-uk_1)^2;
                                   %计算第一步目标函数值
    ymk2=LW * logsig(IW * [ubst(2,i);ymk1]+b1)+b2;
                                   %计算 ym(k+2)
    J2=(ymk2-ye(2))^2+lamda * (ubst(2,i)-ubst(1,i))^2;
                                   %计算第二步目标函数值
    J(i)=J1+J2;                    %计算总的目标函数值
    e(i)=ymk1-ye(1);               %计算预测输出与参考输入的误差
end
```

表 3-1　不同初始值选择比较

序号	不同初始值		N-R 优化结果		对应的目标函数 J^*	控制误差 e
	$u^0(k)$	$u^0(k+1)$	$u^*(k)$	$u^*(k+1)$		
1	0.918	−1.348	0.751	−0.128	0.430	−0.481
2	−0.481	0.886	−0.085	0.435	0.830	−0.909
3	1.783	0.365	0.061	−0.086	0.837	−0.911
4	1.981	−1.555	2.000	2.000	124.009	7.089
5	−0.077	−1.282	0.061	−0.085	0.837	−0.911
6	1.053	1.595	0.974	1.022	0.007	0.021
7	1.500	1.876	1.392	−0.034	4.088	1.786
8	−1.304	−0.552	0.751	−0.120	0.430	−0.482
9	−0.990	0.515	−0.087	0.416	0.830	−0.909
10	−0.277	0.550	−0.099	0.426	0.830	−0.909
11	1.894	0.558	−0.115	−2.000	66.094	−0.909
12	1.124	−1.646	1.294	−0.082	4.400	1.259
13	−1.262	0.457	−0.085	0.421	0.830	−0.909
14	0.500	−1.697	0.751	−0.127	0.430	−0.481
15	−0.431	0.306	−0.096	0.423	0.830	−0.909
16	−0.394	1.904	−0.082	0.423	0.830	−0.909
17	−1.395	0.915	−0.101	0.416	0.830	−0.909
18	1.503	1.306	1.207	−2.000	95.975	0.854

表 3-1(续)

序号	不同初始值		N-R 优化结果		对应的目标函数 J^*	控制误差 e
	$u^0(k)$	$u^0(k+1)$	$u^*(k)$	$u^*(k+1)$		
19	−1.510	−0.875	−0.106	−0.106	0.833	−0.909
20	0.734	1.075	0.049	0.424	0.832	−0.911
21	1.693	−0.236	2.000	2.000	124.009	7.089
22	−0.206	−0.075	−0.099	−0.105	0.833	−0.909
23	−0.781	−1.359	−0.096	−0.110	0.833	−0.909
24	−1.925	1.776	−2.000	0.974	79.361	−8.893
25	−0.797	0.800	−0.090	0.416	0.830	−0.909
26	−0.297	1.911	−0.082	0.423	0.830	−0.909
27	−1.257	1.942	−0.102	0.416	0.830	−0.909
28	0.098	1.836	0.048	0.423	0.832	−0.911
29	0.522	1.888	0.048	0.424	0.832	−0.911
30	1.740	−1.968	0.085	−2.000	66.088	−0.911
31	−1.006	−0.646	−0.097	−0.106	0.833	−0.909
32	−0.971	−0.845	−0.097	−0.109	0.833	−0.909
33	−1.520	1.435	−0.102	0.416	0.830	−0.909
34	1.741	0.517	0.969	1.012	0.006	0.006
35	−1.469	0.206	−0.096	−0.111	0.833	−0.909
36	0.098	1.753	0.047	0.438	0.832	−0.911
37	1.719	0.710	1.280	0.047	4.388	1.190
38	1.371	1.451	0.973	1.019	0.006	0.017
39	−1.121	1.052	−0.103	−0.105	0.833	−0.909
40	−0.770	−1.502	−0.096	−0.117	0.833	−0.909
41	−1.965	0.443	−2.000	−2.000	143.638	−8.893
42	−0.324	−1.689	−0.096	−0.109	0.833	−0.909
43	1.282	−0.265	1.294	−0.075	4.400	1.259
44	−0.404	0.945	−0.082	0.421	0.830	−0.909
45	−0.446	−0.257	−0.107	−0.105	0.833	−0.909
46	0.324	−1.742	0.751	−0.113	0.430	−0.482
47	−0.474	0.371	−0.099	0.416	0.830	−0.909
48	0.647	−0.618	0.751	−0.114	0.430	−0.482

表 3-1(续)

序号	不同初始值		N-R 优化结果		对应的目标函数 J^*	控制误差 e
	$u^0(k)$	$u^0(k+1)$	$u^*(k)$	$u^*(k+1)$		
49	−0.466	0.640	−0.099	0.424	0.830	−0.909
50	−0.637	0.312	−0.095	0.113	0.835	−0.909
51	0.2	0.2	0.061	0.086	0.837	−0.911

根据表 3-1 可知，N-R 方法收敛到的极值点多达十几个，在随机分布的 51 个初始值中，只有 3 个收敛到了全局最小点，概率只有 5.88%。由于采用的是随机的方法，因此数据几乎平均分布到了区域的各个位置(见图 3-5)，所以这个概率值是有参考价值的。如果采用文献[76,77]的方法，即将上一时刻的优化控制量 $u^*(k-1)$设为当前迭代初始值，那么，这个收敛到全局最小点的几率会更低，因为从两个仿真的例子看，在 75 个仿真时刻，几乎没有一个收敛到了全局最小点。

3.8 本章小结

本章针对未知的离散非线性系统，使用 MLP 神经网络建立了一步及多步预测模型，给出了 MLP 神经网络预测模型的数学表达式；采用具有二阶收敛速度的 Newton-Raphson(N-R)算法进行了滚动优化设计，推导了两步预测控制的雅可比矩阵、海森矩阵数学表达式，说明了控制器的工作原理及过程；通过预测误差修正参考输入的方法实现了反馈校正；最后，对一个具有较强非线性的离散非线性系统实例进行了仿真实验，建立了仿真预测模型，结果表明：MLP 神经网络对非线性系统的逼近效果较好。给出了控制系统对正弦信号及多工作点阶跃变换信号的仿真结果，并对仿真结果存在的问题进行了分析，通过实验数据指出初始值的选取问题是造成滚动优化失败的关键所在。

第 4 章　滚动优化算法

预测控制中的滚动优化与数学上的优化没有本质的区别，只是由于在每个采样时刻都在滚动的时域上优化一次，所以才称为滚动优化，也就是说在优化理论中的成果都可以用于滚动优化。从另一方面来看，由于滚动优化具有在每一个采样时刻都要优化一次的特点，所以，滚动优化对算法的要求主要体现在实时性上，一般来讲，计算机控制系统的采样周期从几毫秒到几分钟不等；从较慢的过程控制到较快的运动控制，对采样周期的要求也不相同，所以对滚动优化的实时性要求也会随不同的应用场合有所区别。

当前优化领域已有的方法主要可分为两大类，一类是局部优化，一类是全局优化，近年来全局优化算法的研究获得了广泛关注。本书分别研究了这两种方法在神经网络预测控制中的滚动优化应用，并提出了改进的优化算法。

4.1　局部滚动优化算法

局部优化在优化理论中研究较为成熟，许多算法经过多年的改进，在收敛性、收敛速度等方面已有明显提高，尤其在线性系统优化、凸优化等方面取得了很多成果[97-100]。但是，神经网络预测控制主要针对具有较强非线性的动态系统，滚动优化全部是非线性优化问题，而且，神经网络预测控制的目标函数一般都是多峰值的曲线、曲面或超曲面，不同的极值点所对应的控制性能往往大相径庭。如何寻找一种方法使得局部优化的极值点在目标函数的数值上接近全局最小点，是神经网络预测控制中局部优化要解决的首要问题。遗憾的是，到目前为止这一问题还没有从根本上解决。值得一提的是，有些学者提出了与局部优化具有本质区别的智能优化算法，例如遗传算法、粒子群算法等，这些算法克服了局部优化的缺点，一般都能找到全局最优解，但是算法的构造也比较复杂，而且需要多方向的迭代搜索，所耗时间远大于局部优化算法，造成在快速采样控制，尤其是运动控制中无法使用。

也有研究者提出采用随机多点搜索的方式来解决局部优化容易陷入局部

极小值的问题，根据上一章的分析可知，如果能在控制区域内随机产生多个初始点，分别调用局部优化算法，然后在这些极值点中取最小的点，这种方法能明显提高获得全局最小点的概率，但是，所消耗的时间也会成倍甚至数十倍的增加。本章的研究目的是，期望找到一种实时性更高的方法，来解决局部优化在神经网络预测控制中出现的陷入局部极小值的问题。

4.1.1 局部优化问题描述

在神经网络预测控制中，局部优化存在的主要问题是算法容易陷入局部极小点，如果该点的目标函数数值相对全局极小点较大，则会造成控制性能的恶化，无法实现对被控对象的有效控制。

为便于图示说明问题所在，考虑一步预测控制问题，此时预测步数 $d=1$，目标函数变为：

$$J=(y_{\mathrm{m}}(k+1)-y_{\mathrm{r}}(k+1))^2+\lambda(u(k)-u(k-1))^2 \tag{4-1}$$

式(3-1)中，λ 为目标函数的权重因子，且有 $\lambda>0$；J 是 $u(k)$ 的一元函数，$J\geqslant 0$，且具有任意复杂的非线性关系。

假设在 k 时刻一步预测控制的目标函数 J 具有如图 4-1 所示的形状，J 有一个全局最小点在 b 点处，两个局部极小点分别位于 a、c 点处，相应的目标函数值为 J_b、J_a、J_c，如果初始值 $u^0(k)$ 选在图中 B 区域，则局部优化算法一般会收敛到全局最小的 b 点，这时神经网络预测控制器能对被控对象进行有效控制；如果初始值 $u^0(k)$ 分别选在图中 A、C 区域，则局部优化算法会相应收敛到局部极小的 a、c 点。

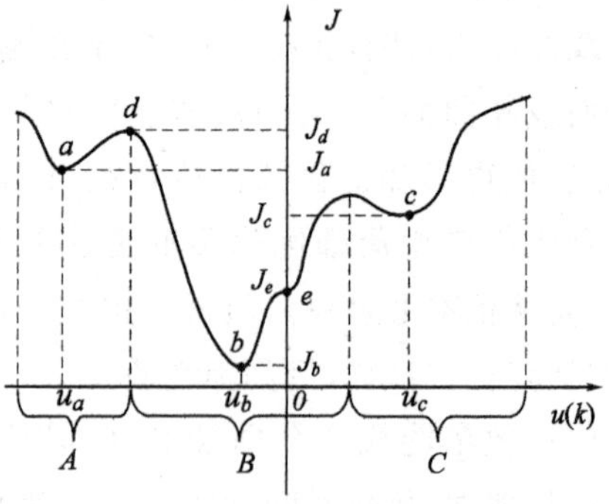

图 4-1 局部优化与初始值关系示意图 1

另外，还需要考虑的一种情况是，初始值恰巧选在了极大值点（如图中的 d 点），或者是鞍点（如图中的 e 点），这种情况下有：$\mathrm{d}J/\mathrm{d}u^0(k)=0$，许多基于导数或梯度的局部优化算法就不会再继续优化，如上一章使用的 N-R 方法，第一步迭代的公式为：

$$u^1(k)=u^0(k)-\frac{\dfrac{\mathrm{d}J}{\mathrm{d}u^2(k)}}{\dfrac{\mathrm{d}^2J}{\mathrm{d}u^0(k)^2}} \tag{4-2}$$

由于公式(4-2)的右边第二项分子为 0，所以算法的终止条件满足，返回的优化结果将是：$u^*(k)=u^0(k)$，相应的优化目标函数值为 J_d、J_e，由图可知，这些点的目标函数值 J_a、J_c、J_d、J_e 都大于或远大于全局最小点 J_b，使得控制系统的性能难以保证。

假设在 k 时刻一步预测控制的目标函数 J 具有如图 4-2 所示的形状，J 有一个全局最小点在 a 点处，一个局部极小点位于 b 点处。如果初始值 $u^0(k)$选在图中 A 区域，则局部优化算法一般会收敛到全局最小的 a 点，如果优化的初始点 $u^0(k)$取在了上一时刻的控制量 $u(k-1)$，或包含 $u(k-1)$的 B 区域，而 $u(k-1)$恰好就是局部极小点，这时，局部优化返回的结果将是：$u^*(k)=u(k-1)$。由图 4-2 可知，J_b 远大于全局最小点 J_a，尽管实际需要变化控制量，但是局部优化却保持了上一时刻的控制量不变，造成控制器因出现不能及时响应而"假死"的现象。

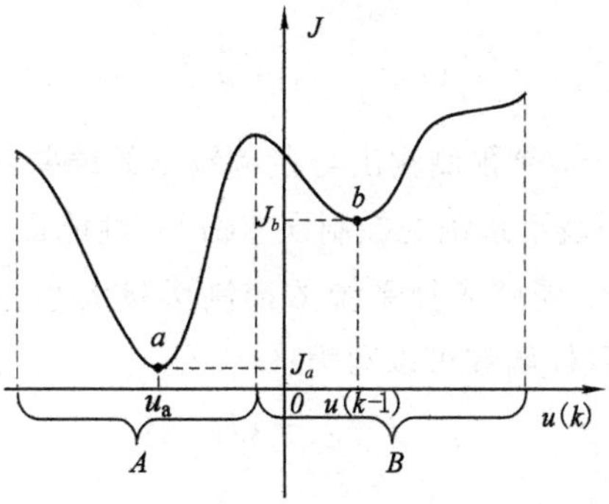

图 4-2　局部优化与初始值关系示意图 2

根据以上对一步神经网络预测控制中出现的问题分析可知，在多步预测控制中也必然会出现类似的问题。

综上所述，在神经网络预测控制中，局部优化存在的问题可以归结为以下三大类：

① 第一类：初始值选在了局部极大值或鞍点上，造成局部优化算法将该点误以为是最优点；

② 第二类：上一时刻的控制量为极小值点，而初始值选在了该点，或该点附近区域，造成控制器不能及时响应外部输入；

③ 第三类：初始值选在具有较大目标函数值的局部极小值附近，造成滚动优化返回的优化控制量具有较大的目标函数值，并使得控制误差较大。

4.1.2 动态确定初始值

对于目标函数来说，在不同采样时刻，其形状不断变化，全局最小点也是动态变化的。要想使得局部滚动优化算法收敛到全局最小点，或者在数值上接近全局最小点的局部极小点，初始值的选取就是关键所在。

1. 初始值选取

为此，重新考虑 d 步预测控制的目标函数如下：

$$J=\sum_{i=1}^{d}(y_{\mathrm{m}}(ki)-y_{\mathrm{r}}(k+i))^2+\lambda\sum_{i=0}^{d-1}(u(k+i)-u(k+i-1))^2 \tag{4-3}$$

如果令：

$$\begin{cases} J_e=\sum_{i=1}^{d}(y_{\mathrm{m}}(k+i)-y_{\mathrm{r}}(k+i))^2 \\ J_u=\sum_{i=0}^{d-1}(u(k+i)-u(k+i-1))^2 \end{cases} \tag{4-4}$$

由于 $y_{\mathrm{m}}(k+i)-y_{\mathrm{r}}(k+i)$ 是预测输出与参考输出的误差，因此 J_e 能够表征系统的控制性能，J_e 最小则表示系统的控制误差最小，性能最优；而 $u(k+i)-u(k+i-1)$ 是控制增量，故 J_u 能够表征系统的控制增量大小，J_u 最小对应着最小的控制增量消耗，由此，目标函数可以写为：

$$J=J_e+\lambda J_u \tag{4-5}$$

进一步假设：

假设 4-1：存在一个 d 维的控制向量 $\boldsymbol{u}_e$，当 $\boldsymbol{u}_e=[u_e(k),u_e(k+1),\cdots,u_e(k+d-1)]^{\mathrm{T}}$ 时，$J_e=0$。

假设 4-2：存在一个 d 维的控制向量 $\boldsymbol{u}_u$，当 $\boldsymbol{u}_u=[u_u(k),u_u(k+1),\cdots,u_u(k+d-1)]^{\mathrm{T}}$ 时，$J_u=0$。

如果以上两个假设成立，则有：

$$
\begin{aligned}
&\boldsymbol{u}=\boldsymbol{u}_e \quad \text{可得}:\begin{cases} J_e=0 \\ J=\lambda J_u \end{cases} \\
&\boldsymbol{u}=\boldsymbol{u}_u \quad \text{可得}:\begin{cases} J_u=0 \\ J=J_e \end{cases}
\end{aligned}
\tag{4-6}
$$

对于假设 4-2，根据公式(4-4)直接可以得出满足条件的 $\boldsymbol{u}_u$：

$$
\boldsymbol{u}_u=[u(k-1),u(k-1),\cdots,u(k-1)]^{\mathrm{T}} \tag{4-7}
$$

显然，控制量序列始终保持上一时刻值不变时，控制增量为 0，对应着最小的控制增量消耗，所以这个假设比较容易满足。

如果将初始值选在某一个固定点上，由于全局最小值不断变化，所以很难保证这一固定点能始终在全局最小值附近；如果将初始值选在 u_u 点，则初始值会随着该点动态变化，但是，上一章的仿真实验已经说明选在这一点上是不可行的，而且该点也无法解决上节提到的三类问题；那么，将初始值选在 u_e 点是否可行呢？

为确定 u_e 点是否能作为初始值，先研究 u_e 点是否在全局最小值变化范围内。

考虑一步预测控制问题，在采样时刻 k，假设当前被控对象输出为：$y(k)=0.8$，上一时刻的控制量为：$u(k-1)=0.2$，下一时刻的参考输出为：$y_r(k+1)=0.1$，权重因子 $\lambda=0.8$，当前控制量 $u(k)$ 的值在$[-1,1.5]$的区间范围内，按 0.02的等差产生，根据第 2 章仿真实验的 MLP 神经网络模型，做一步预测，将目标函数 J 按照公式(4-5)展开，分别计算 J_e、λJ_u、J，并将三条曲线绘制如图 4-3 所示。根据公式(4-7)，$u_u(k)=u(k-1)$，由图可以看出 $u_u(k)$处目标函数出现鞍点，如果将初始值选在此处会出现第一类问题，而 $u_e(k)$距离全局最小点很近，如果选 $u_e(k)$为初始点，局部算法必然收敛到全局最小点。

图 4-3 中，在 $u_e(k)$的右边所有区域，目标函数必然大于 $u_e(k)$处的值，这是因为，在 $u_e(k)$处有：$J_e=0$，由式(4-4)知，$u_e(k)$右边所有点的 J_e 值都大于等于 $u_e(k)$处的值，而另一项 λJ_u 是一个正的二次函数，往 $u_e(k)$右边是递增的，所以在 $u_e(k)$右边是不可能有全局最小点的；再来考虑左边，假设 $u_d(k)$是 $u_e(k)$关于 $u_u(k)$的对称点，则在 $u_d(k)$以左的所有区域目标函数都大于 $u_e(k)$处的值，因为由公式(4-4)、(4-5)可知：二次函数 λJ_u 是关于 $u_u(k)$对称的，也就是说 $u_d(k)$与 $u_e(k)$处的 λJ_u 是相等的，而 $u_d(k)$以左的所有区域 λJ_u 的值都比该点的大，且 J_e 值都大于等于 $u_e(k)$处的值，因此，在 $u_d(k)$以左的所有区域目标函数分解的

两项 J_e 大于等于 $u_e(k)$ 处的值，λJ_u 全部大于 $u_e(k)$ 处的值，所以该区域内的目标函数值都比 $u_e(k)$ 处的值大，故全局最小点不可能在该区域出现；综上可知，一步预测控制中，全局最小点的可能出现区域为 $u_e(k)$ 到 $u_d(k)$ 的范围内，如图中 A 指示的区域。如果 $u_e(k)$ 出现在 $u_u(k)$ 的左边，同理可以得到相同的结果。

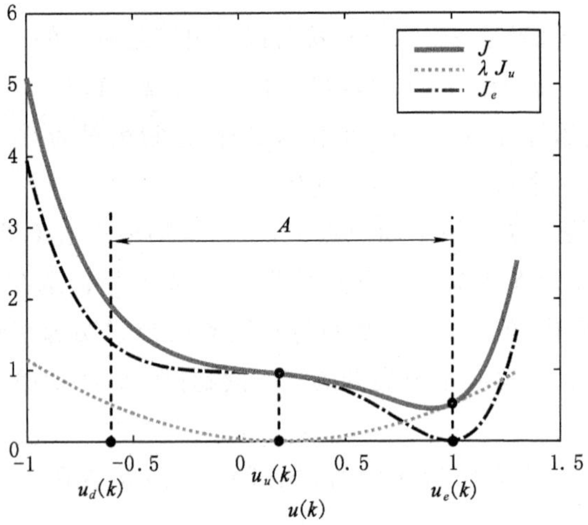

图 4-3　一步预测控制目标函数

对一步预测控制，区域 A 可以表示为：

$$|u(k)-u(k-1)|\leqslant|u_e(k)-u(k-1)|$$

进一步，可以推知，在多步预测控制中，全局最小点只可能出现在一个有界的区域内，这个区域由以下定理确定。

定理 4-1：对于由式(4-3)、式(4-5)表示的 d 步神经网络预测控制系统的目标函数，如果满足假设 4-1 的条件，那么，其全局最小点只可能存在于由以下不等式组表示的 d 维盒子(box)上或盒子内：

$$\begin{cases}|u(k)-u(k-1)|\leqslant|u_e(k)-u(k-1)|\\|u(k+1)-u(k)|\leqslant|u_e(k+1)-u(k)|\\\qquad\vdots\\|u(k+d-1)-(k+d-2)|\leqslant|u_e(k+d-1)-u(k+d-2)|\end{cases}\tag{4-8}$$

证明：采用数学归纳法证明，对一步预测控制，设 $u(k)$ 是全局最小点，所以有：

$$J[u(k)]\leqslant J[u_e(k)]=\lambda(u_e(k)-u(k-1))^2$$

又因为：

$$J[u(k)]=(y_{\mathrm{m}}(k+1)-y_r(k+1))^2+\lambda(u(k)-u(k-1))^2\geqslant\lambda(u(k)-u(k-1))^2$$

所以有：

$$\lambda(u(k)-u(k-1))^2\leqslant\lambda(u_e(k)-u(k-1))^2$$

$$|u(k)-u(k-1)|\leqslant|u_e(k)-u(k-1)|$$

不仅如此，根据上文分析可知，对一步预测控制，区域 A 以外的部分，即满足：

$$|u(k)-u(k-1)|>|u_e(k)-u(k-1)|$$

的部分，都有目标函数值大于 $u_e(k)$ 处的值。

假设在第 i 步（$i=1,2,\cdots,d-1$）预测控制中，全局最小点只存在于由以下不等式组表示的 i 维盒子上或盒子内：

$$\begin{cases}|u(k)-u(k-1)|\leqslant|u_e(k)-u(k-1)|\\|u(k+1)-u(k)|\leqslant|u_e(k+1)-u(k)|\\\qquad\vdots\\|u(k+i-1)-(k+i-2)|\leqslant|u_e(k+d-1)-u(k+i-2)|\end{cases}\tag{4-9}$$

而且，对于盒子以外的部分，都有目标函数的值大于 $\boldsymbol{u}_e$ 处的值，$\boldsymbol{u}_e$ 的结构形式为：$[u_e(k),u_e(k+1),\cdots,u_e(k+i-1)]^{\mathrm{T}}$。

对第 $i+1$ 步，将目标函数分解为：

$$J=J^i+J^{i+1}$$

其中，J^i 表示 i 步预测控制的目标函数值，J^{i+1} 表示第 $i+1$ 步预测控制的目标函数值，对 J^{i+1} 有：

$$J^{i+1}-(y_{\mathrm{m}}(k+i+1)-y_{\mathrm{r}}(k+i+1))^2+\lambda(u(k+i)-u(k+i-1))^2$$

将第 $i+1$ 步看作一步预测，根据上面的分析结果知，其全局极小点只存在于：

$$|u(k+i)-u(k+i+1)|\leqslant|u_e(k+i)-u(k+i-1)|\tag{4-10}$$

对此区域以外的部分都有目标函数大于 $u_e(k+i)$ 处的值，再根据假设并将这两部分线性叠加可知，在盒子(4-9)以外的区域及式(4-10)以外的所有点都大于 $\boldsymbol{u}_e$ 处的值，$\boldsymbol{u}_e$ 的结构形式为：$[u_e(k),u_e(k+1),\cdots,u_e(k+i)]^{\mathrm{T}}$。

所以，$i+1$ 步预测控制的目标函数值只有在以下盒子上或盒子内取全局最小值：

$$\begin{cases}|u(k)-u(k-1)|\leqslant|u_e(k)-u(k-1)|\\|u(k+1)-u(k)|\leqslant|u_e(k+1)-u(k)|\\\qquad\vdots\\|u(k+i)-(k+i-1)|\leqslant|u_e(k+i)-u(k+i-1)|\end{cases}$$

这即是说，在 $i+1$ 步定理依然成立。根据数学归纳法可知，定理得证。

定理 4-1 充分说明，最优控制性能点 u_e 始终在包绕全局最小点的盒子上，不会远离全局最小点。

针对最优控制性能点 u_e 是否会成为局部极大值的问题，给出以下定理：

定理 4-2：对于由式(4-3)，(4-5)表示的 d 步神经网络预测控制系统的目标函数，如果满足假设 4-1 的条件，那么，最优性能点 u_e 不是局部极大值。

证明：由于 u_e 点在包绕全局最小点的盒子上，因此在 u_e 的 δ 邻域内，无论这个 δ 邻域多么小，总可以找到一些点，使得这些点位于盒子的外面，上面已经证明，对于盒子外的所有点，其目标函数值都大于 u_e 点的值，所以，无论邻域多么小，都存在一些邻域内的点，其函数值大于 u_e 点的值，这就使得 u_e 点不满足极大值的要求，因此不可能是局部极大值点。

针对如果将 u_e 点取为初始点，局部优化后得到的目标函数大小问题，给出以下定理：

定理 4-3：对于由式(4-3)、式(4-5)表示的 d 步神经网络预测控制系统的目标函数，如果将具有最优性能的 u_e 点取为初始点，满足假设 4-1 的条件，且所选用的局部优化算法能够收敛到初始值附近的局部极小值点，那么，得到的优化目标函数 J^* 有上界，可以表示为：

$$J^* \leqslant \sum_{i=0}^{d-1}(u_e(k+i)-u_e(k+i-1))^2$$

证明：根据假设 4-1 的要求，当 $u_e=[u_e(k),u_e(k+1),\cdots,u_e(k+d-1)]^{\mathrm{T}}$ 时，$J_e=0$。根据公式(4-3)、(4-4)、(4-5)，u_e 点的目标函数可以计算为：

$$J = J_e+\lambda J_u+\lambda J_u = \sum_{i=0}^{d-1}(u_e(k+i)-u_e(k+i-1))^2 \tag{4-11}$$

若选用的局部优化算法能够收敛到初始值附近的局部极小值点，则得到的优化目标函数 J^* 小于等于初始点 u_e 的目标函数 J，根据式(4-11)，在 k 时刻，由于 $u_e(k),u_e(k+1),\cdots,u_e(k+d-1)$ 是确定的值，因此，u_e 的目标函数 J 是常数，所以 J^* 有上界，且满足：

$$J^* \leqslant J = \sum_{i=0}^{d-1}(u_e(k+i)-u_e(k+i-1))^2$$

定理得证。

综上所述，如果将初始值选在具有最优性能的 u_e 点，对于局部优化出现的三类问题，可以基本得到解决。

对第一类问题，定理 4-2 保证 u_e 点不可能是局部极大值点，如果 u_e 点是鞍点，那么局部优化会返回 u_e 点做控制，由于该点具有最优性能，因此能够有效控制，只是牺牲了对控制增量的兼顾。

对第二类问题，u_e 点一般不会与上一时刻的控制量点重合，基本不存在这类问题，如果恰巧出现重合，根据公式(4-3)、式(4-4)、式(4-5)可知，此时必有目标函数 $J=0$，因为 $J\geqslant 0$，说明该点恰好就是全局最小点；还有一种情况就是，选在了 u_e 点，但是局部优化收敛到了下一时刻的控制量 u_u 点，这会引起控制系统不能及时响应外部输入，这种情况仅靠选择初始点的方法难以避免。

对第三类问题，定理 4-2 保证了局部优化得到的优化目标函数有界，且这个上界是可以计算的，因此基本排除了选在具有较大目标函数值的点上；尽管定理 4-1 使得局部优化的结果保证在盒子上或盒子内，但是由式(4-8)的形式看，这个盒子的大小不易确定，盒子内的情况也是未知的。所以，第三类问题只能说基本解决，后面，本文会进一步改进滚动优化算法，尽量避免出现第三类问题。

2. 初始值求法

根据式(4-4)、(4-6)，可得求解初始值的方程：

$$J_e=\sum_{i=1}^{d}(y_m(k+i)-y_r(k+i))^2=0$$

$$\text{可得：}\begin{cases}y_m(k+1)=y_r(k+1)\\ y_m(k+2)=y_r(k+2)\\ \quad\vdots\\ y_m(k+d)=y_r(k+d)\end{cases}\tag{4-12}$$

如果将神经网络的预测模型表达式带入这个方程组来求解 u_e 点，显然需要求一个复杂的非线性方程组，无论是解析解，还是数值解一般都难以得到，所以需要研究其他方法来克服这一问题。

考察神经网络的预测模型，可以发现：一步预测模型实际上是完成了映射关系，$f:u(k)\to y(k+1)$，既然如此，是否可以构造一个逆神经网络来完成映射关系 $f^{-1}:y(k+1)\to u(k)$？由于神经网络能够映射任意复杂的非线性关系，所以答案是肯定的。

假设将参考输入 $y_r(k+1)$ 作为逆神经网络的输入，得到输出控制量，如果再将这个控制量作为预测网络的输入，则由逆函数的关系知，预测模型的输出 $y_m(k+1)$ 在不计训练误差的情况下应该等于 $y_r(k+1)$，根据式(3-12)可知，这个逆神经网络输出的控制量就是该方程组中第一个方程的解。

若采用 MLP 神经网络来构造预测模型的逆神经网络，则一步逆神经网络结构如图 4-4 所示：

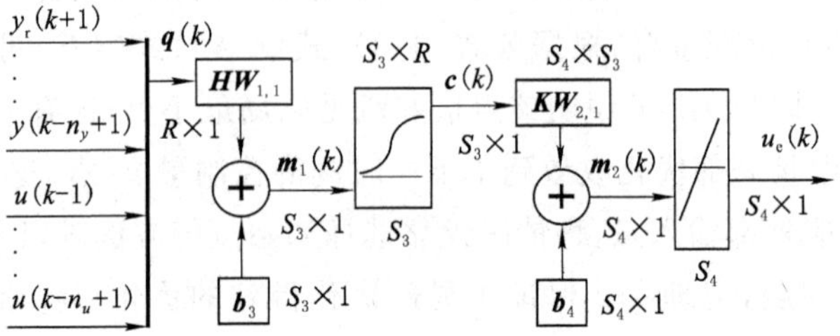

图 4-4　逆 MLP 神经网络一步计算模型

若与一步预测模型比较可知，两个神经网络的结构基本相似，逆神经网络也是只有一个包含 S_3 个神经元的隐含层，神经元激励函数也取为 Sigmoid 函数：

$$a(x)=\frac{1}{1+e^{-x}} \tag{4-13}$$

网络的输出层取为线性输出函数，图 4-4 中，其他各参数的意义如下：

S_4——输出层神经元的个数，对单输出系统有 $S_4=1$；

$\boldsymbol{HW}$——输入层权值矩阵，维数 $S_3\times R$；

$\boldsymbol{KW}$——输出层权值矩阵，维数 $S_4\times S_3$；

$\boldsymbol{b}_3$——输入层偏置向量，维数 $S_3\times1$；

$\boldsymbol{b}_4$——输出层偏置向量，维数 $S_4\times1$；

$\boldsymbol{m}_1(k)$——隐含层输入向量，维数 $S_3\times1$；

$\boldsymbol{c}(k)$——隐含层输出向量，维数 $S_3\times1$；

$\boldsymbol{m}_2(k)$——隐含层加权输出向量，维数 $S_4\times1$；

$u_e(k)$——计算的 k 时刻最优性能对应的控制量；

输入向量 $q(k)$ 的维数为：$R\times1$，结构形式为：$[y_r(k+1),y(k),y(k-1),\cdots,y(k-n_y+1),u(k-1),\cdots,u(k-n_u+1)]^T$，其中，$y_r(k+1)$ 是 $k+1$ 时刻外部给定的参考输出，由 $q(k)$ 的结构形式可知，在 k 时刻，对控制器而言，$q(k)$ 里的每一个元素都是已知的，直接可以计算出 $u_e(k)$，与预测模型对应，将这个逆神经网络模型称为计算模型，主要用于计算初始点。

由图 4-4 可知，对一步计算模型有以下等式成立：

$$\boldsymbol{m}_1(k)=\boldsymbol{HW}\times q(k)+b_3 \tag{4-14}$$

$$\boldsymbol{c}(k)=\boldsymbol{a}(\boldsymbol{m}_1(k))=(1+\exp(\boldsymbol{m}_1(k))).^{-1} \tag{4-15}$$

$$u_e(k)=\boldsymbol{KW}\times c(k)+\boldsymbol{b}_4 \tag{4-16}$$

式(4-15)中，“$.^{-1}$”表示的向量的点乘－1 次方，即向量中的每一个元素取－1 次方。根据式(4-14)、式(4-15)、式(4-16)，可以推导出 MLP 神经网络一步计算模型的输出公式为：

$$u_e(k)=\boldsymbol{KW}\times(1+\exp(-\boldsymbol{HW}\times\boldsymbol{q}(k)-\boldsymbol{b}_3)).^{-1}+\boldsymbol{b}_4 \tag{4-17}$$

式(4-17)即为 MLP 神经网络一步计算模型的公式。MLP 神经网络在使用前，要离线学习或通过其他辨识方法确定相关参数，比较图 4-4 与图 3-2 的结构知：两者延迟的阶数是相同的，因此不需要再单独进行辨识，还有一个好处是，训练的数据也可以使用预测模型的数据，不必再单独测量实验数据。

采用递归调用一步计算模型的方法来得到初始值的方法是：以 k 时刻为例说明，由一步计算模型可以算出下一时刻的预测输出 $u_e(k)$，这时更新一步计算模型的输入向量 $\boldsymbol{q}(k)$ 为$[\ y_r(k+2),y_r(k+1),y(k),y(k-1),\cdots,y(k-n_y+2),u_e(k),u(k-1),u(k-2),\cdots,u(k-n_u+2)]^{\mathrm{T}}$，舍弃掉原来向量中的 $y(k-n_y+1)$、$u(k-n_u+1)$，这样 $\boldsymbol{q}(k)$ 中的每个元素仍旧有已知的，再次调用计算模型可以计算出 $u_e(k+1)$，如此不断更新输入向量，递归调用一步计算模型，便可以得到完整的参考输出对应的最优控制性能点，即需要确定的初始值控制量序列 $u_e(k),u_e(k+1)\cdots$

另一种方法是通过多个 MLP 神经网络的级联来实现，一个 d 步计算模型的 MLP 神经网络级联如图 4-5 所示，通过这种级联方式，在任意采样时刻 k，控制器只需测量被控对象实际输出 $y(k)$，然后根据外部给定的 d 个参考输出序列 $y_r(k+1),y_r(k+2),\cdots,y_r(k+d)$，再将已知的相对当前 k 时刻的历史值代入，MLP 神经网络 d 步计算模型就能自动计算出初始点的值 $u_e(k),u_e(k+1),\cdots,u_e(k+d-1)$。

4.1.3　权重因子校正

上面已经提到，如果将初始值选在具有最优性能的 u_e 点，能够解决第一类问题，但是，对于第二类、第三类问题还是无法彻底解决，主要因为盒子的形状及目标函数在盒子内的动态特性依然无法确定。为了从根本上解决第二类、第三类问题，局部优化方法还需要继续改进。

在预测控制中，构造目标函数进行优化的目的是，希望在最优的控制性能

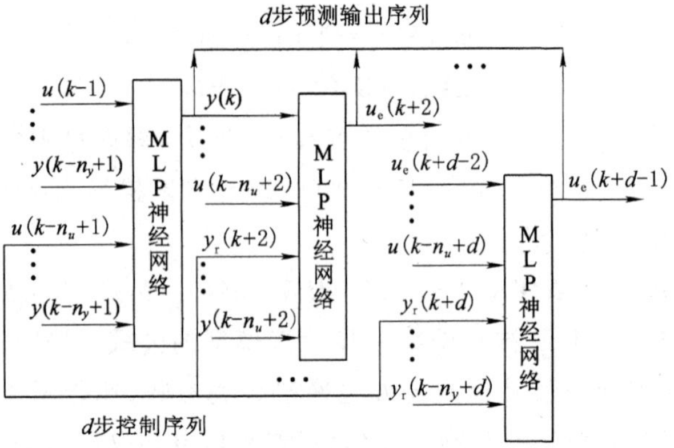

图 4-5　逆 MLP 神经网络多步计算模型

与最小的控制增量之间进行折中。基于此，本文继续改进的研究思路，把问题集中在是否能够在最优性能点与最小控制增量点之间确保存在局部极小值，并使得局部优化算法收敛到这个局部极小点？

事实上，通过大量分析、仿真，可以发现目标函数的权重因子对目标函数的形状影响较大，它在调控最优的控制性能与最小的控制增量的同时，也调整着目标函数的极值点分布。尽管如此，查阅神经网络预测控制的文献就会发现，很少有研究者对这方面做详尽的研究，大部分都是一带而过。本文继续改进的方法就以权重因子为突破口。

仍以一步预测控制为例，根据图 4-3 可知，权重因子 λ 通过调整二次函数 λJ_u 的形状可以改变目标函数的形状，所以，一个可行的方法就是校正权重因子 λ，使得在最优性能点 u_e 和最小控制增量点 u_u 之间一定存在极小值。

按公式(4-3)～(4-6)，重新绘制一步预测控制的目标函数及其分解如图 4-6所示，图中：$J(u_e(k))$ 为最优性能点（即初始值点）对应得目标函数值，$J(u_u(k))$ 为最小控制增量点所对应得目标函数值。为避免第二类问题，出现局部优化算法从 u_e 出发，收敛到可能是极小值的 u_u 点，造成控制系统对外部输入不能及时响应，我们希望在区间$[u_e(k),u_u(k))$中出现极小值，这样，局部优化算法就不会收敛到 u_u 点，对一步预测控制，以下定理给出了能够在区间$[u_e(k),u_u(k))$中出现极小值的条件。

定理 4-4：对由公式(4-3)～(4-6)表示的神经网络预测控制目标函数，如果其一步预测控制目标函数满足以下条件：

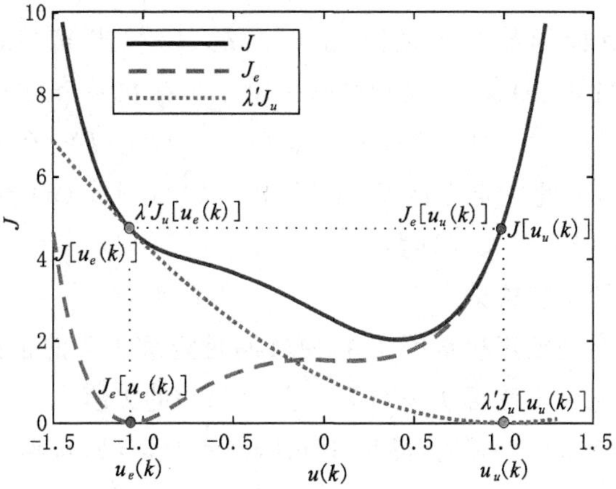

图 4-6　权重因子校正图

(1) 目标函数 J 相对于控制量 $u(k)$ 连续；

(2) 假设公式(3-1)、式(3-2)成立；

(3) $J(u_e(k)) \leqslant J(u_u(k))$；

则在区间$[u_e(k), u_u(k))$(当 $u_e(k) \leqslant u_u(k)$ 时)、$(u_u(k), u_e(k)]$(当 $u_u(k) \leqslant u_e(k)$ 时)上至少存在一个极小值。

证明：根据条件(2)知，当 $u_e(k)$ 与 $u_u(k)$ 重合时，根据公式(4-3)～公式(4-6)知：此时，$J(u_e(k))=J(u_u(k))=0$，又因为 $J \geqslant 0$，所以 $u_e(k)$ 点是全局最小点，显然结论成立；下面证明 $u_e(k) \neq u_u(k)$ 的情况：

如图 4-6 所示，首先考虑当 $J(u_e(k))=J(u_u(k))$ 时：

根据条件(1)知，目标函数 J 在闭区间$[u_e(k), u_u(k)]$(当 $u_e(k) \leqslant u_u(k)$ 时)、$[u_u(k), u_e(k)]$(当 $u_u(k) \leqslant u_e(k)$ 时)上连续，根据极值定理可知：目标函数在该闭区间内一定至少存在一个最大值与最小值。

如果最大值与最小值相等，则必有目标函数在区间$[u_e(k), u_u(k))$(当 $u_e(k) \leqslant u_u(k)$ 时)、$(u_u(k), u_e(k)]$(当 $u_u(k) \leqslant u_e(k)$ 时)上为常数，结论显然成立。

如果最大值与最小值不相等，根据已知 $J(u_e(k))=J(u_u(k))$，则最大值与最小值一定存在于开区间$(u_e(k), u_u(k))$(当 $u_e(k) \leqslant u_u(k)$ 时)、$(u_u(k), u_e(k))$(当 $u_u(k) \leqslant u_e(k)$ 时)上，亦即在区间$[u_e(k), u_u(k))$(当 $u_e(k) \leqslant u_u(k)$ 时)、$(u_u(k), u_e(k)]$(当 $u_u(k) \leqslant u_e(k)$ 时)中存在极小值，结论亦成立。

其次考虑当 $J(u_e(k))<J(u_u(k))$ 时：

同理可知，目标函数在闭区间 $[u_e(k),u_u(k)]$（当 $u_e(k)\leqslant u_u(k)$ 时）、$[u_u(k),u_e(k)]$（当 $u_u(k)\leqslant u_e(k)$ 时）内一定至少存在一个最大值与最小值，如果最小值在 $J(u_u(k))$ 上，则与已知的 $J(u_e(k))<J(u_u(k))$ 矛盾，因此最小值必不在 $J(u_u(k))$ 上，因此一定在区间 $[u_e(k),u_u(k))$（当 $u_e(k)\leqslant u_u(k)$ 时）、$(u_u(k),u_e(k)]$（当 $u_u(k)\leqslant u_e(k)$ 时）上。

综上所述可知定理得证。

下面要做的就是校正权重因子 λ，使其满足定理 4-4 的条件，由公式(4-3)～公式(4-6)，首先求出使得 $J(u_e(k))=J(u_u(k))$ 的 λ 值：

如图 4-6 所示，设 $\lambda=\lambda'$ 时，满足 $J(u_e(k))=J(u_u(k))$，则有：

$$J(u_e(k))=J_e(u_e(k))+\lambda' J_u(u_e(k))+\lambda' J_u(u_e(k))$$

$$J(u_u(k))=J_e(u_u(k))+\lambda' J_u(u_u(k))=J_e(u_u(k))$$

又因为
$$J(u_e(k))=J(u_u(k))$$

所以有
$$\lambda' J_u(u_e(k))=J_e(u_u(k))$$

整理可得：

$$\lambda'=\frac{J_e(u_u(k))}{J_u(u_e(k))} \tag{4-18}$$

如果 $J_u(u_e(k))=0$，则根据公式(4-3)～公式(4-6)知：此时，$J(u_e(k))=0$，又因为 $J\geqslant 0$，所以 $u_e(k)$ 点必然是全局最小点，此时，算法不需要再进行优化，直接将初始点 $u_e(k)$ 作为优化结果即可，所以，如果要优化，必然有 $J_u(u_e(k))\neq 0$。也就是说式(4-18)的分母不会等于 0。

在任意时刻 k，根据式(4-7)可知，$u_u(k)$ 等于已知的上一时刻控制量值，$u_e(k)$ 是逆神经网络计算的初始值，所以只要将它们带入式(4-4)，并按(4-18)就可以计算出 λ'。

又因为 $\lambda>0$，$J_u(u_e(k))>0$，$J_e(u_u(k))>0$，所以，当 $\lambda<\lambda'$ 时，必有 $J(u_e(k))<J(u_u(k))$。因此 λ' 可以作为校正的参考量，一步预测的权重因子校正方法为：

$$\lambda=\begin{cases}\lambda' & 当：\lambda>\lambda' \\ \lambda & 当：\lambda\leqslant\lambda'\end{cases} \tag{4-19}$$

对于多步预测控制的权重因子校正问题，有以下定理：

定理 4-5：对由公式(4-3)～公式(4-6)表示的神经网络预测控制目标函数，如果其 d 步预测控制目标函数满足以下条件：

(1) 目标函数 J 相对于控制量 u 连续；

(2) 假设 4-1、4-2 成立；

(3) $J(u_e) \leqslant J(u_u)$；

则当 $u \in L[u_e \rightarrow u_u)$ 时，目标函数 $J(u)$ 至少存在一个极小值，其中，$L[u_e \rightarrow u_u)$ 表示在 d 维空间中从 u_e 到的 u_u 线段，包含 u_e 端点但不包含 u_u 端点。

证明：根据条件(2)知，u_e、u_u 点存在，当 u_e 与 u_u 点重合时，根据公式(4-3)～公式(4-6)知：此时，$J(u_e)=J(u_u)=0$，又因为 $J \geqslant 0$，所以 u_e 点是全局最小点，显然结论成立；下面证明 $u_e \neq u_u$ 的情况：

考虑到 $L[u_e \rightarrow u_u)$ 表示的是 d 维空间中从 u_e 到的 u_u 线段，因此，可以使用线性变换的方法，将 u 的后 $d-1$ 个控制序列变换到第一个控制量 $u(k)$，例如使用以下线性变换：

$$u(k+i)=u_u(k+i)+\frac{u_e(k+i)-u_u(k+i)}{u_e(k)-u_u(k)} \times (u(k)-u_u(k))$$

式中，$i=1,2,\cdots,d-1$，根据式(4-6)知，u_e 和 u_u 都是常数向量，因此，上式中右边只有一个变量 $u(k)$，不妨设：

$$\begin{cases} c_i=\dfrac{u_e(k+i)-u_u(k+i)}{u_e(k)-u_u(k)} \\ g_i=u_u(k+i)-\dfrac{u_e(k+i)-u_u(k+i)}{u_e(k)-u_u(k)}u_u(k) \end{cases}$$

则有：

$$u(k+i)=c_i u(k)+g_i$$

其中，c_i、g_i 都是常数，经过变换后，u 可以表示为：

$$u=\begin{bmatrix} u(k) \\ c_1 u(k)+g_1 \\ \vdots \\ c_{d-1} u(k)+g_{d-1} \end{bmatrix}$$

所以，根据公式(4-4)、(4-5)知，$J_e(u)$、$J_u(u)$ 经过线性变换后，成为 $u(k)$ 的一元函数，由条件(1)知，J 是 u 的连续函数，因此，J 也是 $u(k)$ 的连续函数，再由定理 4-4 的证明过程知，对函数 J_e、J_u 的具体形式没有要求，因此，按照定理 4-4，$u(k)$ 在区间 $[u_e(k),u_u(k))$（当 $u_e(k) \leqslant u_u(k)$ 时）、$(u_u(k),u_e(k)]$（当 $u_u(k) \leqslant u_e(k)$）上时，目标函数 $J(u)$ 至少存在一个极小值，而 $u(k)$ 在区间又对应着 $u \in L[u_e \rightarrow u_u)$，所以，当 $u \in L[u_e \rightarrow u_u)$ 时，目标函数 $J(u)$ 至少存在一个极小值。

定理得证。

与一步预测控制情况类似，先求使得 $J(u_e)=J(u_u)$ 的权重因子 λ'。

$$J(u_e)=J_e(u_e)+\lambda' J_u(u_e)=\lambda' J_u(u_e)$$

$$J(u_u)=J_e(u_u)+\lambda' J_u(u_u)=J_e(u_u)$$

又因为 $J(u_e)=J(u_u)$

所以有：$\lambda' J_u(u_e)=J_e(u_u)$

整理可得：

$$\lambda'=\frac{J_e(u_u)}{J_u(u_e)} \tag{4-20}$$

如果 $J_u(u_e)=0$，则根据公式(4-3)～公式(4-6)知：此时，$J(u_e)=0$，又因为 $J\geqslant 0$，所以 u_e 点必然是全局最小点，此时，算法不需要再进行优化，直接将初始点 u_e 作为优化结果即可，所以，如果要优化，必然有 $J_u(u_e)\neq 0$。也就是说式(4-20)的分母不会等于 0。

在任意时刻 k，由式(4-7)可知，u_u 等于已知的上一时刻控制量值，u_e 是逆神经网络计算的初始值，所以只要将他们带入式(4-4)，并按(4-20)就可以计算出 λ'。

又因为 $\lambda>0$，$J_u(u_e)>0$，$J_e(u_u)>0$，所以，当 $\lambda<\lambda'$ 时，必有 $J(u_e)<J(u_u)$。因此 λ' 可以作为校正的参考量，d 步预测控制的权重因子校正方法为：

$$\lambda=\begin{cases}\lambda' & \text{当：}\lambda>\lambda' \\ \lambda & \text{当：}\lambda\leqslant\lambda'\end{cases} \tag{4-21}$$

由公式(4-19)、(4-21)知，多步预测与一步预测的校正方法相同，一步预测只是多步预测的特殊形式。

4.1.4 改进后的神经网络预测控制器

通过以上分析、论证，本章提出的改进方法，对于采用局部优化算法的神经网络预测控制器，理论上应该能够改善控制器的性能；经过改进后，控制器的结构及控制算法发生了变化，下面分别说明。

1. 控制器结构

采用局部滚动优化方法的神经网络预测控制器经过改进后，其结构如图 4-7 所示，图中虚线框内的为神经网络预测控制器，主要包括：神经网络预测模型、滚动优化器、延迟环节、逆神经网络计算模型、反馈校正环节。

神经网络预测模型的输入为向量 $\boldsymbol{p}$，$\boldsymbol{p}$ 包含控制量 u 及被控对象输出 y 的当前及历史值，其具体结构形式不仅取决于被控对象的阶次，而且与所选用的网络有关；输出为被控对象的未来预测输出值向量 y_m。

局部优化器是控制器的核心部分，按与其他部分的连接关系，可以表述为：

(1) 连接延迟环节输出，接收控制量 $u^*(k)$ 及被控对象输出 $y(k)$ 的历史值；

(2) 与被控对象输出连接，检测当前时刻输出 $y(k)$；

(3) 与神经网络预测模型连接，输出向量 $\boldsymbol{p}$ 作模型输入，并读取预测模型的预测输出向量 y_m。

(4) 与反馈校正环节相连，输入校正后的外部参考输入 $y_{r'}$。

(5) 与逆神经网络计算模型相连，输出向量 $\boldsymbol{q}$ 给逆神经网络，$\boldsymbol{q}$ 包含控制量 $\boldsymbol{u}$ 及被控对象输出 y 的历史值，以及当前被控对象的输出 $y(k)$ 和矫正后的参考输出 y_r'。读取逆神经网络计算模型输出的最优控制性能点 u_e。

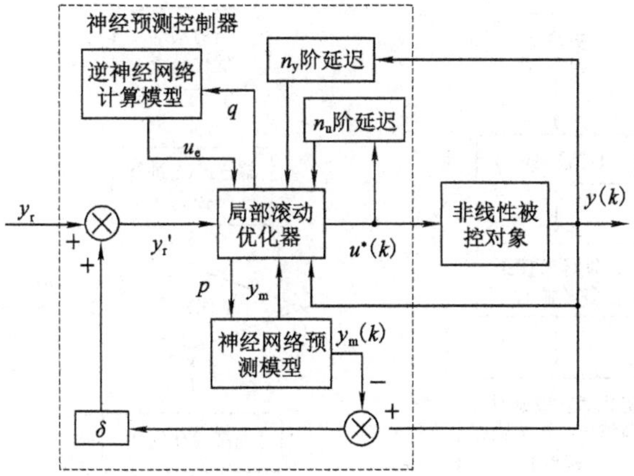

图 4-7　改进后神经网络预测控制器结构图

反馈环节的输入，一端与被控对象的输出相连，另一端与预测模型相连，用于输入当前时刻的预测被控对象输出；然后经过一个减法比较器，连入乘法器乘 δ，再经加法器与外部参考输入累加，最后输出到优化控制器。

图 4-7 给出的结构是一种通用的局部优化神经网络预测控制器，与具体使用哪种神经网络模型无关。

2. 控制器算法

需要说明的是，这种结构的控制器在使用前，要先对神经网络预测模型及逆神经网络计算模型进行离线训练，使它们能够以一定精度逼近非线性被控对象的动态过程。

控制器算法流程如图 4-8 所示，控制器在系统上电后首先完成初始化过程，需要进行初始化的参数有：权重因子 λ、反馈校正系数 δ、以及局部优化算法本身的一些参数；控制器工作后，在采样时刻 k，首先检测被控对象的实际输出 $y(k)$，由反馈环节进行校正参考输入，对于 d 步预测控制，按公式(4-22)进行校正：

$$e(k)=y_{\mathrm{m}}(k)-y(k)$$

$$\begin{cases} y_{\mathrm{r}}{}'(k+1)=y_{\mathrm{r}}(k+1)+\delta e(k) \\ y_{\mathrm{r}}{}'(k+2)=y_{\mathrm{r}}(k+2)+\delta e(k) \\ \qquad\vdots \\ y_{\mathrm{r}}{}'(k+d)=y_{\mathrm{r}}(k+d)+\delta e(k) \end{cases} \tag{4-22}$$

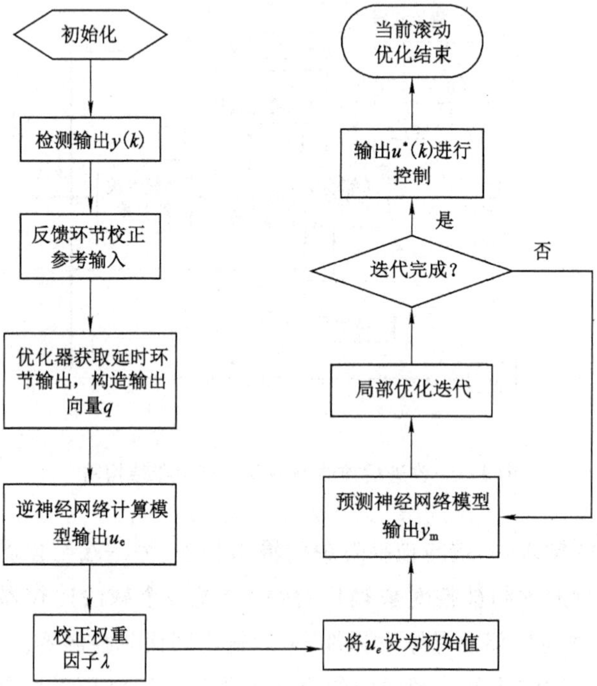

图 4-8　改进后控制器算法流程图

接着控制器通过延时环节获取控制量与被控对象实际输出的历史值，并构

造向量 $\boldsymbol{q}$，对一步预测，其结构形式一般为：$[y_r(k+1), y(k), y(k-1), \cdots, y(k-n_y+1), u(k-1), \cdots, u(k-n_u+1)]^{\mathrm{T}}$；逆神经网络计算模型根据输入的 q 计算最优性能点 u_e；优化器开始按上文提到的方法，根据公式(4-4)、(4-6)、(4-20)、(4-21)来校正权重因子 λ；然后，优化器将 u_e 设为初始迭代值，并将修正后的 λ 以及构造的向量 $\boldsymbol{p}$ 送给神经网络预测模型；神经网络预测模型将预测值 y_{m} 送给局部优化迭代算法；局部优化在未完成迭代时会反复调用网络预测模型，并不断迭代，直到迭代终止条件满足，最后，优化器用优化结果中第一个控制量 $u^*(k)$ 对系统进行控制，到此 k 时刻滚动优化结束。

需要说明的是，要用校正后的 y_{r}' 代替公式中的 y_{r}。

4.1.5　控制系统稳定性分析

为分析改进后控制系统的稳定性，先做以下假设：

假设 4-3：神经网络预测模型能够以足够的精度逼近被控对象的动态特性，且满足在所有参考输出范围内以及外界干扰作用下存在最大预测误差，记为：$e_{\max}$。

假设 4-4：逆神经网络计算模型能够以足够的精度逼近被控对象的逆动态特性，使得在计算的最优性能点与实际最优性能点之间不存在极值点。

对于给定的有界参考输出 y_{r}（即控制系统的输入为阶跃输入），根据假设 4-4，由于在计算的最优性能点（设为 u_e'）与实际最优性能点（u_e）之间不存在极值点，如果 $J(u_e')>J(u_e)$，则局部优化算法将会使得 u_e' 移向 u_e 点；如果 $J(u_e')\leqslant J(u_e)$，则迭代后的结果必然有 $J(u^*)\leqslant J(u_e)$，考虑校正后的最优目标函数的表达式：

$$J^* = \sum_{i=1}^{d}(y_{\mathrm{m}}^*(k+i) - y'_{\mathrm{r}}(k+i))^2 + \lambda\sum_{i=0}^{d-1}(u^*(k+i) - u^*(k+i-1))^2$$

可知必然有：

$$(y_{\mathrm{m}}(k+1)-y_{\mathrm{r}}'(k+1))^2\leqslant J^*\leqslant J(u_e)$$

又因为：

$$y_{\mathrm{m}}(k+1)=y(k+1)+e(k+1)$$
$$y_{\mathrm{r}}'(k+1)=y_{\mathrm{r}}(k+1)+\delta e(k)$$

整理可得：

$$\begin{cases} y(k+1)\geqslant y_{\mathrm{r}}(k+1)+\delta e(k)-e(k+1)-\sqrt{J(u_e)} \\ y(k+1)\leqslant y_{\mathrm{r}}(k+1)+\delta e(k)-e(k+1)+\sqrt{J(u_e)} \end{cases} \tag{4-23}$$

式中，$y_r(k+1)$是给定的有界参考输出 y_r 的第一个常数分量；δ 是反馈校正系数，也是常量；$e(k+1)$、$e(k)$是模型预测误差，根据假设 4-3，这个误差有最大值 e_{max}，所以，系统下一时刻（即 $k+1$ 时刻）的输出有界。

由此可知，改进后的神经网络预测控制系统至少是输入有界、输出有界的稳定系统。

4.1.6 控制系统仿真

为了说明改进后的神经网络预测控制器性能，方便与第二章没有改进的情况进行比较，仿真仍旧采用 3.6 节的实例，局部优化算法还使用 2 步预测 N-R 滚动算法，除本章提出修改的部分外，其他参数都保持与 3.6 节的一样。下面只对修改的部分详细说明。

1. 逆神经网络构建

逆神经网络计算模型也采用 MLP 神经网络构建，结构如图 4-4、4-5 所示，其非线性层的激活函数取为 sigmoid 函数（即 MATLAB 中的 Logsig 函数），输出函数取线性函数（MATLAB 中 purelin 函数），训练数据使用与 3.6 节训练预测模型相同的数据，生成训练样本的方法按照 3.6.1 所述，将$[y(k),y(k+1)]^T$做输入数据序列，$u(k)$做输出时间序列，$k=1,2,\cdots,1000$，则可以得到 1000 个训练样本。利用“train”函数来训练 MLP 网络，隐含层神经元的个数设置为 60，训练精度设为 0.005，训练步数设为 1300。

编写程序如下：

```
% 逆神经网络建模、训练；
%仿真函数：y(k+1)=u(k)^3+y(k)/(1+y(k)^2)-1.4*sin(1.5*y(k))
% 训练数据生成
u=rand(1,1000)*4-2;                %随机产生 1000 个控制量序列
ym=zeros(1,1001);                  %将输出初始化为零
for k=1:1:1000;                    %计算被控对象的输出数据
    ym(k+1)=u(k)^3+ym(k)/(1+ym(k)^2)-1.4*sin(1.5*ym(k));
end
y=ym(2:1001);
p1=[y;ym(1:1000)];                 %取逆神经网络的训练样本数据
% 逆 MLP 神经网络建立
n1=60;                             %设定神经元个数
net1=newff(minmax(p1),[n1,1],{'logsig' 'purelin'});
```

```
% 逆 MLP 神经网络训练
net1.trainParam.epochs=1300;          %网络训练时间设置为 1300
net1.trainParam.goal=0.005;           %网络训练精度设置为 0.005
net1=train(net1,p1,u);                %开始训练网络
```

然后对训练后的逆神经网络做仿真测试，方法是：按照 3.6 节所述方式产生样本数据，随机产生 50 个数据，以这 50 个数据构成控制序列，按公式(3-27)计算被控系统的输出序列，再将输出时间序列，按照逆神经网络的输入向量 $\boldsymbol{q}$ 的结构(这里应该为$[y(k+1),y(k)]^{\mathrm{T}}$)，计算 MLP 逆神经网络的输出 $u(k)$，将逆神经网络的结算结果与随机产生的原数据比较，得到结果如图 4-9 所示，由图可知，MLP 逆神经网络能够充分逼近训练数据，可以作为滚动优化算法初始点的计算模型。

编写的程序如下：

```
%逆神经网络测试
u=rand(1,50)*4-2;                     %随机产生 50 个控制量序列
for k=1:1:50;                         %计算实际输出
    ym(k+1)=u(k)^3+ym(k)/(1+ym(k)^2)-1.4*sin(1.5*ym(k));
end
y_e=ym(2:51);                         %得到实际输出序列
p2=[y_e;ym(1:50)];                    %逆神经网络的输入序列
u0=sim(net1,p2);                      %仿真得到逆神经网络的控制初始值输出
序列
plot(u,'--b');                        %绘制控制初值与实际控制序列进行比较
hold on;
plot(u0,'r');
xlabel('采样时刻 k');
ylabel('控制量 u(k)');
legend('u(k)','u_0(k)');
```

2. 权重因子校正

权重因子 λ 的校正方法按照公式(4-6)、(4-20)，先计算 λ'，在任意采样时刻 k，对两步预测有：

$$\begin{cases}u_u=[u(k-1),u(k-1)]^{\mathrm{T}}\\ u_e=[u_e(k),u_e(k+1)]^{\mathrm{T}}\end{cases}$$

式中，u_e 是逆神经网络计算的初始值；$u(k-1)$是上一时刻的控制量。根据目标

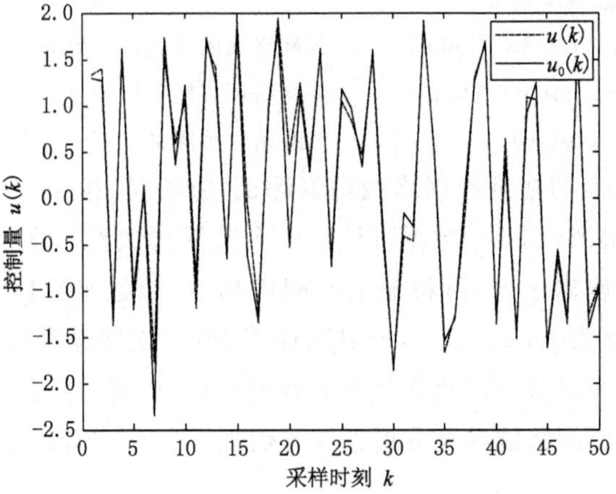

图 4-9　逆神经网络模型计算结果比较

函数的表达式(3-3)及式(3-4)、(3-5)、(3-6)、(3-20)，有：

$$\lambda'=\frac{J_e(u_u)}{J_u(u_e)}=\frac{(y_m(k+1)-y_r(k+1))^2+(y_m(k+2)-y_r(k+2))^2}{\lambda((u_e(k+1)-u_e(k))^2+(u_e(k)-u(k-1))^2)}$$

式中：$y_m(k+1)$、$y_m(k+2)$为一步预测神经网络的输出，其输入向量分别为：$[y(k),u(k-1)]^T$，$[y_m(k+1),u(k-1)]^T$。

计算出λ'后，按公式(4-21)校正λ即可。

3. 改进后效果比较

首先编写改进后的 N-R 算法程序如下：

```
%改进后的牛顿拉夫逊算法
function ubest=Imp_NL_alg(uold,yk_1,ye)
% uold 为优化前一时刻控制量,yk_1 为 k-1 时刻输出,ye 为期望输出
global IW LW b1 b2 lamda   IW1 LW1 b11 b21
ep=0.0001;                                        %算法停止误差
lamdaM=lamda;
uk=[0;0];
uk(1)=LW1 * logsig(IW1 * [ye(1);yk_1]+b11)+b21;       %初值逆网络设定
uk(2)=LW1 * logsig(IW1 * [ye(2);ye(1)]+b11)+b21;
yuu1=LW * logsig(IW * [uold;yk_1]+b1)+b2;     %修正 lamda
yuu2=LW * logsig(IW * [uold;yuu1]+b1)+b2;
Jeuu=(yuu1-ye(1))^2+(yuu2-ye(2))^2;
```

```
Juur=(uk(2)-uk(1))^2+(uk(1)-uold)^2;
lamda1=Jeuu/Juur;
if(lamdaM>lamda1)
    lamdaM=lamda1;
end
ubest1=uk;
ubest2=uk+0.1;
i=0;
while((ubest2-ubest1)'*(ubest2-ubest1)>ep)
    ubest2=ubest1;
    i=i+1;
    %计算神经网络输出
    ak1=logsig(IW*[ubest2(1);yk_1]+b1);
    yk1=LW*ak1+b2;
    ak2=logsig(IW*[ubest2(2);yk1]+b1);
    yk2=LW*ak2+b2;
    %计算输出偏导数
    dyk1uk=LW*((ak1-ak1.^2).*IW(:,1));
    dyk2uk=LW*((ak2-ak2.^2).*(IW(:,2)*dyk1uk));
    dyk2uk1=LW*((ak2-ak2.^2).*IW(:,1));
    %计算 Jacbian 矩阵
    dFuk=2*(yk1-ye(1))*dyk1uk+2*(yk2-ye(2))*dyk2uk+2*lamdaM*(2*ubest2(1)-uold-ubest2(2));
    dFuk1=2*(yk2-ye(2))*dyk2uk1+2*lamdaM*(ubest2(2)-ubest2(1));
    J=[dFuk;dFuk1];
    %计算输出二阶偏导数
    d2yk1uk=LW*((ak1-3*ak1.^2+2*ak1.^3).*(IW(:,1).^2));
    d2yk2uk=d2yk1uk*LW*((ak2-ak2.^2).*IW(:,2))+(dyk1uk)^2*LW*((ak2-3*ak2.^2+2*ak2.^3).*(IW(:,2).^2));
    d2yk2ukuk1=dyk1uk*LW*((ak2-3*ak2.^2+2*ak2.^3).*IW(:,1).*IW(:,2));
    d2yk2uk1=LW*((ak2-3*ak2.^2+2*ak2.^3).*(IW(:,1).^2));
    %计算 Hession 矩阵
    d2Fuk=2*dyk1uk^2+2*(yk1-ye(1))*d2yk1uk+2*dyk2uk^2+2*(yk2-ye(2))*d2yk2uk+4*lamdaM;
```

```
    d2Fukuk1=2*dyk2uk*dyk2uk1+2*(yk2-ye(2))*d2yk2ukuk1-2*lamdaM;
    d2Fuk1=2*dyk2uk1^2+2*(yk2-ye(2))*d2yk2uk1+2*lamdaM;
    H=[d2Fuk d2Fukuk1;d2Fukuk1 d2Fuk1];
    ubest1=ubest2-(H^-1)*J;
    if(i>500)                              %设置最大迭代次数
        ubest=(ubest1+ubest2)/2;
if(abs(ubest(1)-uold)>2*abs(uk(1)-uold))
                                           %若优化超出范围,则修正优化控制量
            ubest(1)=(uk(1)+uold)/2;
        end
        return;
    end
end
ubest=(ubest1+ubest2)/2;
if(abs(ubest(1)-uold)>2*abs(uk(1)-uold))
ubest(1)=(uk(1)+uold)/2;
end
return;
```

然后编写程序进行仿真。先取参考输出为正弦波信号,计算控制系统的输出,与参考信号比较如图 4-10 所示,由图可知,控制系统能够跟踪正弦波信号的变化,且误差较小。相比于未改进前的 N-R 算法仿真结果(见图 3-9),本章提出的改进方法效果明显。

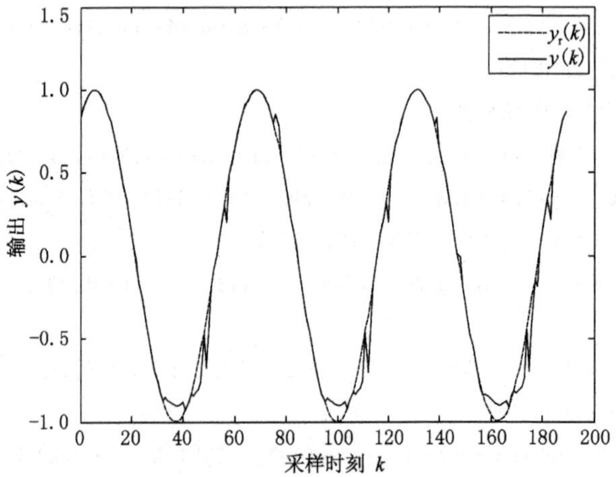

图 4-10　正弦信号跟踪结果

其次取参考输出为多点阶跃信号，计算控制系统的输出，与参考信号比较如图 4-11 所示，由图可知，控制系统能够跟踪多点阶跃信号的变化，但是在稳态时，部分存在超调、振荡。

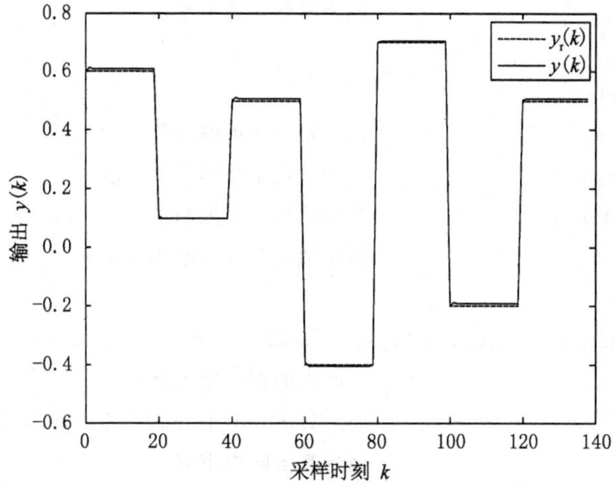

图 4-11　多点阶跃跟踪结果

尽管如此，相比于未改进前的 N-R 算法仿真结果(见图 3-8)，本章提出的改进方法能够使得 MLP 神经网络控制系统跟踪多点阶跃信号的变化，在多工作点频繁切换的控制系统中能够达到满意的效果，这主要是因为：只需调节 N-R 算法的迭代终止常数 ε(即终止条件)及反馈环节的校正系数 δ，就可以减少控制中出现的超调、振荡，进一步改善控制性能。

编写的仿真程序如下：

```
%改进后的 MLP 神经网络预测控制仿真
global IW LW b1 b2 lamda IW1 LW1 b11 b21
IW=net.IW{1};                    %获取训练后的 MLP 神经网络权值、偏置
LW=net.LW{2,1};
b1=net.b{1};
b2=net.b{2};
IW1=net1.IW{1};                  %获取训练后的逆 MLP 神经网络权值、偏置
LW1=net1.LW{2,1};
b11=net1.b{1};
b21=net1.b{2};
```

```
lamda=0.001;                        %目标函数权重系数
% st=20;                            %多点阶跃参考输入
% ye=[ones(1,st)*0.6 ones(1,st)*0.1 ones(1,st)*0.5 ones(1,st)*-0.4 ones
(1,st)*0.7 ones(1,st)*-0.2 ones(1,st)*0.5];
t=1:0.1:20;                         %正弦信号参考输入
ye=sin(t);
n=length(ye);
yk=zeros(1,n);                      %初始化历史输出值
yk1=zeros(1,n);                     %初始化系统实际输出值
uold=zeros(1,n);                    %初始化历史控制量
delte=0;                            %反馈校正量初始化为零
for i=1:(n-1)
    unew=Imp_NL_alg(uold(i),yk(i),[ye(i)+delte;ye(i+1)+delte]);
                                    %改进的 N-R 优化
    yk1(i)=unew(1)^3+yk(i)/(1+yk(i)^2)-1.4*sin(1.5*yk(i));
                                    %计算实际输出值
    ym=LW*logsig(IW*[unew(1);yk(i)]+b1)+b2;
                                    %计算神经网络预测值
    yk(i+1)=yk1(i);
    delte=(ym-yk1(i))*0.1;          %计算反馈校正量
    uold(i+1)=unew(1);
end
t=0:(n-2);
plot(t,ye(1:n-1),'--b',t,yk1(1:n-1),'r');
                                    %绘制仿真曲线
xlabel('采样时刻 k');
ylabel('输出 y(k)');
legend('y_r(k)','y(k)');
```

迭代终止常数 ε 的减小往往对应着迭代次数的增加，而这种迭代关系的两步之间存在因果关系，即下一次的迭代依赖本次迭代的结果，所以，无论使用硬件实现的神经网络，还是软件实现的神经网络，都难以避免会产生较多的时间消耗，所以，在设计神经网络预测控制器时要综合考虑实时性与控制性能的折中。

4. 滚动优化时间测试

长期以来，神经网络预测控制器的实时性一直是限制它在实际控制工程中

使用的瓶颈，尤其是对于运动控制系统，较快的采样速度往往使得神经网络的滚动优化过程难以在一个采样周期内完成。

为此，针对本章提出的改进后局部优化算法，对优化时间进行测试，测试条件为：CPU：2.4 GHz、操作系统：windods XP、测试平台：MATLAB 2012b、测试方法使用 MATLAB 中的函数 tic、toc，所采用的神经网络为上面仿真训练的网络，即由 30 个神经元构成的 MLP 预测模型与 60 个神经元构成的逆 MLP 网络计算模型，被控对象及相关参数保持与上面仿真部分一致，只改变迭代终止常数 ε，分别测试 40 步仿真过程中的滚动优化时间，如表 4-1 所示，表中 t_{min} 表示 40 个采样控制时刻中最小的滚动优化时间；t_{max} 表示最大的滚动优化时间；t_{avg} 表示 40 个采样时刻的平均滚动优化时间。

表 4-1　滚动优化时间测试

ε	t_{min}/s	t_{max}/s	t_{avg}/s
0.05	0.1173	0.1572	0.1279
0.02	0.1175	0.1350	0.1224
0.01	0.1166	0.3657	0.1289
0.008	0.1179	0.3652	0.1345
0.005	0.1176	0.1419	0.1238
0.002	0.1192	0.1982	0.1285
0.0008	0.1189	0.3666	0.1308
0.0005	0.1208	0.2181	0.1272
0.0002	0.1197	0.2074	0.1277
0.00008	0.1200	1.3166	0.1627
0.00005	0.1193	1.3018	0.1625

由表 4-1 可知，随着终止常数 ε 的减小，滚动优化的时间会增加，由于在控制系统中要考虑最大的滚动优化时间，所以，在选择终止常数 ε 的时候，要考虑滚动优化时间问题，确保在每一个采样周期内，计算机都有足够的时间来完成优化过程。

另外，对于实时性要求较高的场合，在能够满足控制精度的情况下，可以适当减少最大迭代次数限制，这样实时性可以得到保障。

最后需要指出的是：本书所采用的滚动优化时间测试方法，使用的都是软件实现的方法，多步神经网络预测过程都是通过多次迭代调用一步预测模型实现的，所以是最耗时的，如果采用硬件实现，则神经网络预测控制器的滚动优化时间会大幅减少。

4.2 全局滚动优化算法

神经网络预测控制期望找到目标函数的全局最小点，这样才能保证控制系统的可靠性，而局部优化方法在本质上只能收敛到一个局部极小值，无法达到神经网络预测控制的要求。尽管上文提出了改进的方法，但这种方法只能保证找到一个低于最优性能点处目标函数值的极小点，仍然不能保证一定能收敛到全局最小点，所以有必要对如何获得全局最优点做进一步研究。

在各种全局最优化的方法中，确定性全局优化方法能够确保收敛到全局最小点，相比于随机性全局优化方法，更能保证控制系统的可靠性，因此本书决定采用确定性全局优化方法来做滚动优化。

区间法是将一个变量或函数用最大、最小值来表示其变化范围的方法，而研究变量或函数在运算后所得到的结果变化范围，并用区间表示的方法称为区间分析（或称区间数学），由此可知，区间方法天生具有优化的能力，因为其本身就是用最大、最小值表示的。

考虑 MLP 神经网络的一步预测模型表达式(3-7)，由于预测输出 $y_m(k+1)$ 只是当前输入 $u(k)$ 的函数，因此如果将 $u(k)$ 用区间表示，经过区间分析就可以得到输出 $y_m(k+1)$ 的变化区间，也就不难得知 $y_m(k+1)-y_r(k+1)$ 的最大、最小值，并进一步得到目标函数的最大、最小值，所以区间可以用于神经网络的滚动优化问题。如果单纯使用区间分析的方法，尽管可以求得目标函数的最大、最小值，但是并不能知道在 $u(k)$ 取何值时目标函数最大或最小，而这恰恰是控制的关键，因为控制器必须要用这个优化的控制量进行控制，所以，如何得到最优目标函数下的最优控制量还需要其他方法的支持。

在过去的十几年中，分支定界方法受到了越来越多的重视，分支定界法也是确定性全局优化方法中的一种，是目前研究较多的一种方法，许多新方法都是基于这一框架下完成的。一般来说，分支定界根据其特征主要包括四个部分，即分支、定界、删除、选择。

如果利用分支定界的框架体系，根据区间分析的方法，是否能够构造出全局滚动优化的方法呢？不妨继续考虑一步预测控制的问题，假设 $u(k)$ 的变化区间（可行域）为 $[u_1, u_2]$，即满足：$u_1 \leqslant u(k) \leqslant u_2$，此时，根据分支的方法，将区间

$[u_1,u_2]$一分为二，得到两个区间$[u_1,u_c]$、$[u_c,u_2]$，其中 u_c 为 u_1、u_2 的中点，利用区间分析的方法，可以得到这两个区间所对应的目标函数取值区间，如果一个目标函数取值区间的最小值大于另一个目标函数取值区间的最大值，则说明全局最小点根本不可能包含在本区间内，所以可以将本区间删除，不能删除的区间则被选择，下一次再次将选择的区间分支，再次利用区间分析对目标函数进行定界，然后比较各区间，删除不可能包含全局最小点的区间，如此不断重复地进行这个分支、定界、删除、选择的过程，最后剩下的区间就会收敛到全局最小点，进一步也就可以得到最优的控制量。所以，采用分支定界的框架，并利用区间分析进行定界是可以构造出神经网络预测控制的全局滚动优化方法的。

4.2.1　区间分析

1. 实变量的区间表示

设变量 $x\in\mathbf{R}$，若 x 存在最大值 $x_{\max}$ 与最小值 $x_{\min}$，即对所有的变量 x 取值，满足：$x_{\min}\leqslant x\leqslant x_{\max}$，则变量的区间可以表示为：

$$[x]=[x_{\min},x_{\max}]$$

并称$[x]$为 x 的区间变量（或区间数）；$x_{\max}$、$x_{\min}$ 分别称为区间变量$[x]$的上、下界，并记为：$\sup[x]$、$\inf[x]$。

当 $x_{\max}=x_{\min}$ 时，区间变量退化为实数。

定义 4-1：区间变量$[x]$的宽度定义为：

$$w([x])=x_{\max}-x_{\min}$$

定义 4-2：区间变量$[x]$的中点定义为：

$$\mathrm{mid}([x])=(x_{\max}-x_{\min})/2$$

2. 区间变量的运算法则

设 $c\in\mathbf{R}$，则有：

$[x]\pm c=[x_{\min}\pm c,x_{\max}\pm c]$

$c\times[x]=[c\times x_{\min},c\times x_{\max}]$　　当 $c\geqslant 0$

$c\times[x]=[c\times x_{\max},c\times x_{\min}]$　　当 $c<0$

$[x]/c=[x_{\min}/c,x_{\max}/c]$　　当 $c>0$ 且 0 不属于$[x]$

$[x]/c=[x_{\max}/c,x_{\min}/c]$　　当 $c<0$ 且 0 不属于$[x]$

$\exp([x])=[\exp(x_{\min}),\exp(x_{\max})]$

设$[y]$是 y 的区间变量，则定义：

$$[x] \circ [y] = [\{x \circ y \mid x \in [x], y \in [y]\}]$$

其中，$\circ$ 表示一个二元运算，这个定义利用了集合的概念，即两个区间的运算等于它们的变量运算后构成的集合，然后用区间表示这个集合。据此就可以得到一些常用的区间运算法则：

$[x]+[y]=[x_{\min}+y_{\min}, x_{\max}+y_{\max}]$

$[x]-[y]=[x_{\min}-y_{\max}, x_{\max}-y_{\min}]$

$[x]\times[y]=[\min\{x_{\min}\times y_{\max}, x_{\max}\times y_{\min}, x_{\min}\times y_{\min}, x_{\max}\times y_{\max}\}, \max\{x_{\min}\times y_{\max}, x_{\max}\times y_{\min}, x_{\min}\times y_{\min}, x_{\max}\times y_{\max}\}]$

$1/[x]= \varnothing$ 如果 $[x]=[0,0]$

$=[1/x_{\max}, 1/x_{\min}]$ 如果 0 不属于 $[x]$

$=[1/x_{\max}, \infty]$ 如果 $x_{\min}=0$ 而且 $x_{\max}>0$

$=[-\infty, 1/x_{\min}]$ 如果 $x_{\min}<0$ 而且 $x_{\max}=0$

$=[-\infty, +\infty]$ 如果 $x_{\min}<0$ 而且 $x_{\max}>0$

$[y]/[x]=[y]\times(1/[x])$

以上是本书需要用到的运算法则，其他运算法则可以参考区间分析的文献[101-105]。值得庆幸的是，已经有用于区间运算的软件 Intlab，可以在 MATLAB 中直接调用，不必再编写单独的区间算法程序。

3. 函数的区间扩展

定义 4-3：设 $f(x)$ 是任一实值函数，$f([x])=\{f(x) \mid x\in[x]\}$ 是 f 在 $x\in[x]$ 上的值域，则称 $f([x])$ 是 f 的联合区间扩展。

定义 4-4：设 $f(x)$ 是任一实值函数，$[f]([x])$ 是区间变量 $[x]$ 的区间值函数，如果满足：

$$\forall [x]\in \mathbf{IR}, f([x])\subset[f]([x])$$

则称 $[f]([x])$ 是函数 $f(x)$ 的包含函数。其中，**IR** 表示实区间数的集合。

定义 4-5：设 $f(x)$ 是任一实值函数，如果区间变量 $[x]$ 的区间值函数 $[f]$ 满足：$[f](x)=f(x)$，且有：$f(x)\in[f]([x])$，则称 $[f]$ 是 f 的区间扩展。

常用的区间扩展方法有自然区间扩展、泰勒区间扩展等。

自然区间扩展是最简单，也是最常用的区间扩展方法，假设 $f(x)$ 是任一实值有理函数，在函数 f 的具体表达式中，如果用区间变量 $[x]$ 代替实变量 x，并用相应的区间运算来代替原函数 f 中的实运算，所得到的区间函数 $[f]$ 就是 f 的自然区间扩展。

泰勒区间扩展则是利用函数的泰勒级数扩展来构造的，函数 $f(x)$ 在 x_0 处的泰勒级数可以展开为：

$$f(x)=f(x_0)+(x-x_0)f'(x_0)+\cdots+\frac{(x-x_0)^m}{m!}f^{(m)}(x_0)+R_m(x,x_0,\xi) \tag{4-24}$$

式(5-1)中，余项的表达式为：

$$R_m(x,x_0,\xi)=\frac{(x-x_0)^{m+1}}{(m+1)!}f^{(m+1)}(\xi) \tag{4-25}$$

其中，ξ 是介于 x 与 x_0 之间的一个数，因为有：$x\in[x]$、$x_0\in[x]$，必然有：$\xi\in[x]$，所以，$f^{(m+1)}(\xi)\in f^{(m+1)}([x])$，则余项(5-2)可以用区间函数界定为：

$$R_m(x,x_0,[x])=\frac{(x-x_0)^{m+1}}{(m+1)!}f^{(m+1)}([x]) \tag{4-26}$$

当 m 取不同的值时，可以得到不同阶次的泰勒扩展，当 $m=0$ 时，可得：

$$f(x)\in f(x_0)+(x-x_0)f'([x]) \tag{4-27}$$

因为对所有的 x，式(5-4)都成立，所以有：

$$f([x])\in f(x_0)+([x]-x_0)f'([x]) \tag{4-28}$$

由式(5-5)可得函数 $f(x)$ 的泰勒一阶扩展为：

$$[f]_{T1}([x])=f(x_0)+([x]-x_0)f'([x]) \tag{4-29}$$

同理可得 $f(x)$ 的泰勒二阶扩展为：

$$[f]_{T2}([x])=f(x_0)+([x]-x_0)f'(x_0)+\frac{([x]-x_0)^2}{2}f''([x]) \tag{4-30}$$

4.2.2　神经网络预测模型

由于在多步预测控制中，使用分支定界方法会造成多维空间分支问题，使得算法的收敛速度大幅降低，实时性难以保证，因此本书只研究一步预测的区间全局优化问题。

仍然考虑离散非线性系统：

$$y(k+1)=f(u(k),u(k-1),\cdots,u(k-n_u-1),y(k),y(k-1),\cdots,y(k-n_y+1)) \tag{4-31}$$

其中，$u(k)$，$u(k-1)$，…，$u(k-n_u+1)$分别是第 k，$k-1$，…，$k-n_u+1$ 采样时刻输入的控制量值；$y(k+1)$，$y(k)$，$y(k-1)$，…，$y(k-n_y+1)$分别是第 $k+1$，k，$k-1$，…，$k-n_y+1$ 采样时刻被控对象的输出值；n_u、n_y 分别为输入控制量时间序列与被控对象输出时间序列的延迟阶次；f 表示未知的非线性映射关系。

假设当前采样时刻为 k，将 k 时刻之前的值称为历史值，在 k 时刻，控制器可以通过检测单元测量被控对象的实际输出 $y(k)$，而控制量是由控制器输出的，所以对控制器而言，当前输出以及输入、输出的历史值都是已知的。令：

$$p(k)=[u(k),u(k-1),\cdots,u(k-n_u+1),y(k),y(k-1),\cdots,y(k-n_y+1)]^{\mathrm{T}}$$

记向量 $\boldsymbol{p}(k)$ 的维数为：$R\times1$，则有：$R=n_u+n_y$。若构造一个单隐含层前向神经网络，使其输入为向量 $p(k)$，输出为 $y(k+1)$，利用实验测量的输入输出时间序列值来训练该神经网络，则训练后的神经网络就能以一定精度逼近未知的非线性映射关系 f 。在任意时刻 k，控制器只需测量被控对象的实际输出 $y(k)$，然后设定一个 $u(k)$，再将已知的历史值代入，神经网络就能计算下一个采样时刻（未来）的输出 $y(k+1)$，这样神经网络就能实现一步预测功能。

单隐含层前向神经网络一步预测模型如图 4-12 所示，神经网络为三层前馈网络，即输入层、隐含层、输出层，网络只有一个包含 c 个神经元的隐含层，神经元激励函数取为 Sigmoid 函数：

$$a(x)=\frac{1}{1+\mathrm{e}^{-x}} \tag{4-32}$$

网络的输出层取为线性输出函数。

图 4-12 中，其他各参数的意义如下：

IW——输入层权值矩阵，维数 $p\times c$；

lw——输出层权值矩阵，维数 $1\times c$；

b_1——输入层偏置向量，维数 $c\times1$；

$S_1\cdots S_c$——隐层神经元输出；

b_2——输出层偏置常数；

$y_{\mathrm{m}}(k+1)$——被控对象的预测输出，下标 m 用于区别实际的输出 $y(k+1)$。

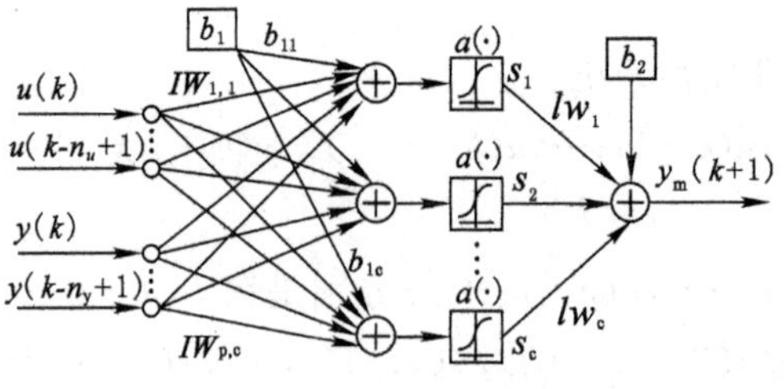

图 4-12　神经网络一步预测模型

由图 4-12 可得表达式：

$$y_{\mathrm{m}}(k+1)=\sum_{j=1}^{c} lw_j S_j + b_2$$

$$S_j = a\left(\sum_{i=1}^{n_u} u(k-i+1) IW_{i,j} + \sum_{i=1}^{n_y} y(k-i+1) IW_{i+n_u,j} + b_{1,j}\right) \tag{4-33}$$

式(4-33)即为神经网络一步预测模型的表达式。

4.2.3 神经网络的区间扩展

按照函数区间扩展的方法,下面将神经网络一步预测模型的表达式进行区间扩展,为便于扩展,首先将式(4-33)中的变量与常量分离,注意到在式(4-33)中只有一个变量 $u(k)$,可得:

$$y_{\mathrm{m}}(k+1)=\sum_{j=1}^{c} lw_j S_j + b_2$$

$$S_j = a\left(u(k) IW_{1,j} + \sum_{i=2}^{n_u} u(k-i+1) IW_{i,j} + \sum_{i=1}^{n_y} y(k-i+1) IW_{i+n_u,j} + b_{1,j}\right) \tag{4-34}$$

对于实际的物理系统,一般控制量 $u(k)$ 都要受到约束,或者说要限制控制量 $u(k)$ 的一个可行域,设 $u(k)$ 的可行域为:

$$\underline{u}(k)\leqslant u(k)\leqslant \overline{u}(k) \quad 其中:\inf[u(k)]=\underline{u}(k),\sup[u(k)]=\overline{u}(k) \tag{4-35}$$

实变量 $u(k)$ 的区间变量 $[u(k)]$ 可以表示为:

$$[u(k)]=[\underline{u}(k),\overline{u}(k)] \tag{4-36}$$

1. 神经网络的自然区间扩展

按照前述自然区间扩展方法,神经网络一步预测模型的自然区间扩展为:

$$[y_m(k+1)]([u(k)]) = \sum_{j=1}^{c} lw_j [S_j] + b_2$$

$$[S_j] = a\left([u(k)]\mathrm{IW}_{1,j} + \sum_{i=2}^{n_u} u(k-i+1)\mathrm{IW}_{i,j} + \sum_{i=1}^{n_y} y(k-i+1)\mathrm{IW}_{i+n_u,j} + b_{1,j}\right) \tag{4-37}$$

2. 神经网络的泰勒区间扩展

(1) 一阶泰勒区间扩展

接下来按前述的泰勒区间扩展方法，推导泰勒一阶区间扩展方法，考虑泰勒级数的展开设在点 $\inf[u(k)]$ 处，即对式(4-29)、(4-30)有：$x_0=\inf[u(k)]$，设：

$$y_{\mathrm{m}}(k+1)=g(u(k)) \tag{4-38}$$

按式(4-29)泰勒一阶扩展为：

$$[y_m(k+1)]_{T1}([u(k)])=g(\underline{u}(k))+([u(k)]-\underline{u}(k))g'([u(k)]) \tag{4-39}$$

表达式(4-39)中，因为区间 $[u(k)]$ 及 $\inf[u(k)]$ 是已知的，因此按公式(4-34)、(4-39)右边第一项可以计算出来，右边第二项的前部分也可以计算出来，只有 $g'([u(k)])$ 是未知的，下面推导其计算方法：

为简化公式表达，令：

$$v_j=\sum_{i=2}^{n_u}u(k-i+1)IW_{i,j}+\sum_{i=1}^{n_y}y(k-i+1)IW_{i+n_u,j}+b_{1,j} \tag{4-40}$$

由于神经网络的参数 IW 是常数矩阵，控制量 u 与输出 y 的当前及历史值也是已知的，所以 v_j 是常数。根据式(4-40)、(4-38)、(4-34)、(4-32)可得：

$$g'(u(k))=\sum_{j=1}^{c}IW_jS'_j$$

$$S'_j=a'(u(k)IW_{1,j}+v_j)=IW_{1,j}\frac{\exp(-(u(k)IW_{1,j}+v_j))}{(1+\exp(-(u(k)IW_{1,j}+v_j)))^2}$$

整理得：

$$g'(u(k))=\sum_{j=1}^{c}lw_jIW_{1,j}\frac{\exp(-(u(k)IW_{1,j}+v_j))}{(1+\exp(-(u(k)IW_{1,j}+v_j)))^2} \tag{4-41}$$

由式(4-41)可以得到 $g'([u(k)])$ 的表达式为：

$$g'([u(k)])=\sum_{j=1}^{c}lw_jIW_{1,j}\frac{\exp(-([u(k)]IW_{1,j}+v_j))}{(1+\exp(-([u(k)]IW_{1,j}+v_j)))^2} \tag{4-42}$$

根据式(4-42)、(4-39)，(4-40)，可以写出完整的神经网络一阶泰勒扩展公式为：

$$\begin{aligned}
&[y_m([u(k)])=g(\underline{u}(k))+([u(k)]-\underline{u}(k))g'([u(k)])\\
&g'([u(k)])=\sum_{j=1}^{c}lw_jIW_{1,j}\frac{\exp(-([u(k)]IW_{1,j}+v_j))}{(1+\exp(-([u(k)]IW_{1,j}+v_j)))^2}\\
&v_j=\sum_{i=2}^{n_u}u(k-i+1)IW_{i,j}+\sum_{i=1}^{n_y}y(k-i+1)IW_{i+n_u,j}+b_{1,j}
\end{aligned} \tag{4-43}$$

(2) 二阶泰勒区间扩展

按照前述的泰勒区间扩展方法，推导泰勒二阶区间扩展方法，仍然考虑泰勒级数的展开设在点 $inf[u(k)]$处，根据式(4-38)、(4-30)可得泰勒二阶区间扩展为：

$$[y_m(k+1)]_{T2}([u(k)])=g(\underline{u}(k))+([u(k)]-\underline{u}(k))g'([\underline{u}(k)])+\frac{([u(k)]-\underline{u}(k))^2}{2}g''([u(k)]) \tag{4-44}$$

表达式(4-44)中，因为区间$[u(k)]$及 $\inf[u(k)]$是已知的，因此按公式(4-34)、(4-39)右边第一项可以计算出来，右边第二项的根据式(4-41)也可以计算出来，只有 $g''([u(k)])$是未知的，下面推导其计算方法：

$$\begin{aligned}g''(u(k)) &= \frac{\mathrm{d}g'(u(k))}{\mathrm{d}u(k)}\\ &= \sum_{j=1}^{c} lw_j IW_{1,j}^2 \frac{\exp(-2(u(k)IW_{1,j}+v_j))-\exp(-(u(k)IW_{1,j}+v_j))}{(1+\exp(-(u(k)IW_{1,j}+v_j)))^3}\end{aligned} \tag{4-45}$$

由式(4-45)可得：

$$\begin{aligned}&g''([u(k)])\\ &= \sum_{j=1}^{c} lw_j IW_{1,j}^2 \frac{\exp(-2([u(k)]IW_{1,j}+v_j))-\exp(-([u(k)]IW_{1,j}+v_j))}{(1+\exp(-([u(k)]IW_{1,j}+v_j)))^3}\end{aligned} \tag{4-46}$$

根据式(4-46)、(4-44)、(4-41)，可得完整的神经网络二阶泰勒区间扩展公式为：

$$\begin{aligned}&[y_{\mathrm{m}}([u(k)]) = g(\underline{u}(k))+([u(k)]-\underline{u}(k))g'([\underline{u}(k)])\\ &\qquad +\frac{([u(k)]-\underline{u}(k))^2}{2}g''([u(k)])\\ &g'([\underline{u}(k)]) = \sum_{j=1}^{c} lw_j IW_{1,j}\frac{\exp(-(\underline{u}(k)IW_{1,j}+v_j))}{(1+\exp(-(\underline{u}(k)IW_{1,j}+v_j)))^2}\\ &g''([u(k)]) =\\ &\sum_{j=1}^{c} lw_j \mathrm{IW}_{1,j}^2 \frac{\exp(-2([u(k)]IW_{1,j}+v_j))-\exp(-([u(k)]IW_{1,j}+v_j))}{(1+\exp(-([u(k)]IW_{1,j}+v_j)))^3}\end{aligned} \tag{4-47}$$

4.2.4　全局滚动优化

1. 目标函数与约束处理

构造目标函数，在保证控制性能的前提下，兼顾控制量的增量大小，并考虑控制系统对控制量的约束条件，针对一步预测控制，可以采用如下的二次性函数为滚动优化的目标函数：

$$J=(y_{\mathrm{m}}(k+1)-y_{\mathrm{r}}(k+1))^2+\lambda(u(k)-u(k-1))^2 \tag{4-48}$$

式中：$y_{\mathrm{m}}(k+1)$是未来第 $k+1$ 时刻神经网络一步预测模型预测的被控对象输出；$y_{\mathrm{r}}(k+1)$是未来第 $k+1$ 时刻外部指定的参考输出；$u(k)$是当前准备使用的控制量；λ 为目标函数的权重因子，且有：$\lambda\geqslant 0$，λ 越大说明越注重控制量的变化，越小说明越注重控制性能，$y_{\mathrm{m}}(k+1)-y_{\mathrm{r}}(k+1)$表征未来预测输出与外部指定参考输出的误差，它的大小用来表征控制系统的控制性能。

式(4-48)的右边只有一个变量，即当前准备用来做控制的 $u(k)$，所以目标函数 J 就是只是 $u(k)$的函数。

需要指出的是，由于采用区间全局优化方法，不必对目标函数求导或求偏导，所以也可以采用绝对值型的目标函数，如：

$$J=|y_m(k+1)-y_r(k+1)|+\lambda|u(k)-u(k-1)|$$

由于本文前面在局部优化时都是使用的二次性目标函数，所以为方便比较起见，仍采用式(4-48)为目标函数。

下面考虑对控制量约束的处理，控制系统一般的约束为：

$$\begin{cases}u_{\min}\leqslant u(k)\leqslant u_{\max}\\-\Delta u_{\max}\leqslant \Delta u(k)\leqslant \Delta u_{\max}\end{cases} \tag{4-49}$$

式(4-49)中第一行是对控制量的约束；第二行是控制增量的约束；$\Delta u_{\max}$是大于零的常数，因为 $\Delta u(k)=u(k)-u(k-1)$，将该式代入式(4-49)的第二个式子，可得：

$$\begin{cases}u_{\min}\leqslant u(k)\leqslant u_{\max}\\u(k-1)-\Delta u_{\max}\leqslant u(k)\leqslant u(k-1)+\Delta u_{\max}\end{cases}$$

令：

$$\begin{cases}\inf[u(k)]=\underline{u}(k)=\max\{u_{\min},u(k-1)-\Delta u_{\max}\}\\\sup[u(k)]=\overline{u}(k)=\min\{u_{\max},u(k-1)+\Delta u_{\max}\}\end{cases} \tag{4-50}$$

如果按照式(4-50)确定区间变量$[u(k)]$，并按这个区间为分支前的初始区间，则在整个分支定界优化中，所得到的最优控制量一定满足式(4-49)的约束要求。

全局滚动优化的目的就是，确定一个最优控制量值 $u^*(k)$，使得当 $u(k)=u^*(k)$时，目标函数 J 能取最小值，即解决如下全局最优化问题：

$$\min_{u(k)} J$$

受约束：

$$\begin{cases} u_{\min} \leqslant u(k) \leqslant u_{\max} \\ -\Delta u_{\max} \leqslant \Delta u(k) \leqslant \Delta u_{\max} \end{cases} \tag{4-51}$$

2. 基于分支定界的区间全局优化

区间全局最优化方法一般是指利用区间分析确定目标函数的取值区间，并根据相应的检验、删除规则来进行优化，其本身有一套完整的算法步骤。下面根据 Moore-Skelbore 算法，设计本文的区间全局优化算法。

首先构造一个有序的二元区间数组 Γ，Γ 的组成如下所示：

$$\Gamma = \{([u_1(k)],[J_1]),([u_2(k)],[J_2]),\cdots,([u_i(k)],[J_i])\} \tag{4-52}$$

式(4-52)中，每一个二元区间数对$([u_j(k)],[J_j])$，$j=1,2,\cdots,I$，其特点是：$[u_j(k)]$是当前控制量的变量区间，且有$[u_j(k)]$是$[u(k)]$的子区间，$[J_j]$则是对应$[u_j(k)]$的区间函数；二元区间数对在数组中的位置始终按照$[J_j]$的下界排列，即有：

$$\underline{J}_1 \leqslant \underline{J}_2 \leqslant \cdots \leqslant \underline{J}_i \tag{4-53}$$

这样构造数组的好处有两个方面：

一方面在对区间进行分支时，由于第一个二元区间数对中的目标函数值具有最小的下界，所以全局最小点最有可能存在其中，分支过程也就只需要对第一个控制量区间分支就可以了。

另一方面在对区间进行删除时，首先从最后一个二元区间数对$([u_i(k)],[J_i])$进行比较，如果这个区间不符合删除规则，则它前面的二元区间数对也就没有必要再比较了，因为它前面的所有二元区间数对的目标函数区间下界都小于它，如果它不需要删除，则前面的更不必删除了。

根据以上说明可知，构造这个数组是十分必要的，可以大幅减少计算量。

分支的方法采用 Moore 二分法，即对一个区间在其中点处将之一分为二；定界方法采用上述函数区间的扩展方法，通过扩展公式(4-37)、(4-43)、(4-47)，利用区间运算先得到$[y_{\mathrm{m}}(k+1)]$，再根据公式(4-48)对目标函数进行自然扩展，如下所示：

$$[J] = ([y_{\mathrm{m}}(k+1)] - y_{\mathrm{r}}(k+1))^2 + \lambda([u(k)] - u(k-1))^2 \tag{4-54}$$

根据扩展公式计算的$[y_{\mathrm{m}}(k+1)]$，再由式(5-31)即可计算出$[J]$，从而实现定界过程；选择按照上述构造的数组，每次只选择第一个二元区间数对进行分支；删除规则定为：如果一个二元区间数对的目标函数下界大于其他目标函数的上界，则将该二元区间数对删除，为了较少计算量，可以设置一个最小上界变量，每次分支产生新的二元区间数对时都将其目标函数的上界与该变量比较，如小于该变量，则用较小的目标函数上界数值取代之，如此，在每一次删除前，该变量始终保持等于二元区间数对的目标函数最小上界，这样在删除时，只需从最后一个二元区间数对开始，与该变量比较就可以了。

算法不能无限循环下去，需要设置终止条件，一般可以根据控制量来选，如果控制系统对控制量的分辨率为 $\varepsilon=0.01$，则可以选择这个值作终止条件，即每次完成一个选择、分支、定界、删除的循环周期后，判断第一个二元区间数对的控制量区间宽度，如果 $w([u_1(k)])<\varepsilon$，则终止计算，并将 $u_1(k)$ 的中点作为最优控制量 $u^*(k)$ 输出。

优化算法如流程图 4-13 所示，根据图可将算法设计为以下步骤：

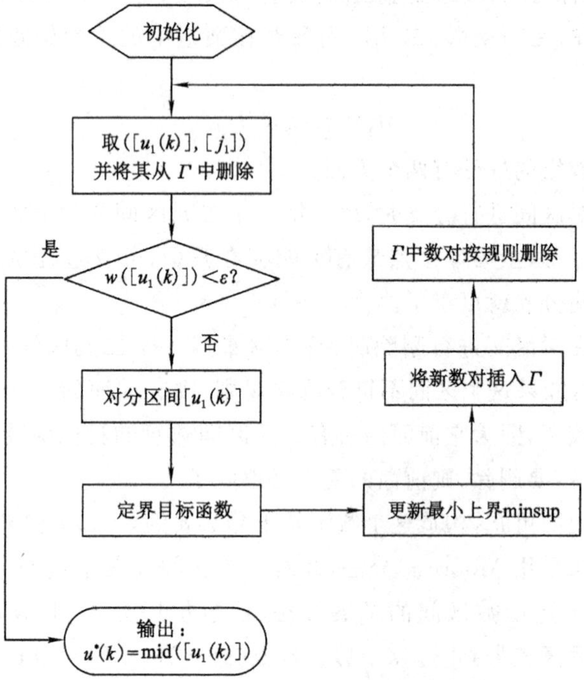

图 4-13　全局滚动优化流程图

第一步：初始化。设置终止条件，即给 ε 赋值，根据式(4-50)计算初始区间 $[u(k)]$，将区间 $[u(k)]$ 对分为二，分别计算其目标函数的区间值，取 minsup 等于最小目标函数值上界，并按数组 Γ 的构造法则，初始化 Γ。

第二步：选择。取 Γ 中第一个二元区间数对的控制量区间，并将该数对从 Γ 中删除。

第三步：终止判断。如果 $w([u_1(k)])<\varepsilon$，则转第，否则进行下一步。

第四步：分支。对分区间 $[u_1(k)]$。

第五步：定界。分别计算其目标函数的区间值，将具有较小目标函数值上界的与 minsup 比较，使得 minsup 取两者中的较小值，将这两个二元区间数对按数组 Γ 的构造法则插入 Γ 中。

第六步：删除；从 Γ 中最后一个二元区间数对开始，取其目标函数下界与 minsup 比较，若大于等于 minsup，则将该数对删除，重复上述开始的删除过程，否则转第二步。

第七步：计算 $u^*(k)=\text{mid}([u_1(k)])$，输出 $u^*(k)$。

4.2.5　反馈校正

反馈校正仍采用根据当前预测误差来修正未来参考输出的方法，在当前控制时刻 k，控制系统通过测量系统的输出，得到被控对象的实际输出 $y(k)$，通过与 k 时刻的预测输出 $y_m(k)$ 比较得到误差 $e(k)$：

$$e(k)=y_m(k)-y(k) \tag{4-55}$$

然后，利用这个误差 $e(k)$ 来对参考输出做修正，对一步预测而言，参考输出可以修正为：

$$y_r'(k+1)=y_r(k+1)+\delta e(k) \tag{4-56}$$

其中：δ 为校正系数，将校正后的参考输出 $y_r'(k+1)$ 代替给定的参考输出 $y_r(k+1)$ 来实现滚动优化，则反馈校正完成。

4.2.6　控制系统工作原理

采用全局区间滚动优化的神经网络一步预测控制系统如图 4-14 所示，控制器主要包括：神经网络一步预测模型、全局区间滚动优化器、延迟环节、反馈环节。

控制系统工作前先要训练神经网络，使其能够充分逼近非线性被控对象的输入输出映射关系，并对相关的参数做初始化。神经网络的训练方法是：通过定时（即采样周期）输入控制量，同时测量被控对象的输出值，获得输入输出的时间序列值：$u(1)$ ，$u(2)$，…，$y(2)$，$y(3)$…将这些数据记录形成训练样本；对训练样本数据进行模型辨识，获得延迟环节的阶数 n_u、n_y；确定神经网络的输入向

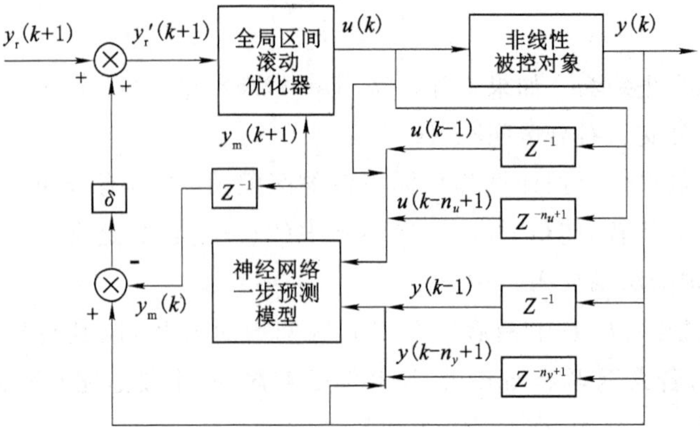

图 4-14　神经网络一步预测控制系统结构图

量 $p(k)$，根据图 4-12 构造神经网络；用样本数据训练神经网络，调节网络的权值与偏置参数，使其以一定精度逼近样本数据。控制系统初始化的参数主要有：目标函数的权重因子 λ、控制量约束 $u_{\min}$、$u_{\max}$、$\Delta u_{\max}$，反馈校正系数 δ，终止常数 ε。

在任意采样时刻 k，控制器工作时首先检测当前被控对象输出，然后与预测输出比较，用得到的误差修正参考输出，即先完成反馈校正。

接下来，神经网络一步预测模型将根据延迟环节输出、当前时刻控制量以及被控对象的输出，进行一步预测，给出预测输出 $y_m(k+1)$，完成预测过程。

然后，控制器启动全局区间滚动优化器，按前述的滚动优化方法，完成全局优化过程，获得最优控制量 u^*。

最后，控制器将 u^* 用于控制非线性被控对象。

以上过程在计算机的每一个采样时刻执行一次，从而形成完整的神经网络一步预测控制。

4.2.7　控制系统仿真

为方便与局部优化比较，用以代替实际被控对象进行仿真实验的离散非线性系统取为：

$$y(k+1)=u^3(k)+\frac{y(k)}{1+y^2(k)}-2\sin(3y(k)) \tag{4-57}$$

相比于前面章节中仿真实例，该系统具有相同的结构形式，但是增大了后面正弦的幅度和频率。由(4-57)的表达式可知，系统的延迟环节具有阶数：$n_u=1$、$n_y=1$；所以，此处可以略去 n_u、n_y 的参数辨识过程，直接进行神经网络的建模。

1. 神经网络建模

首先确定神经网络的输入输出：由图 4-12 知，网络的输入维数 $R=n_u+n_y=2$，输入向量的结构形式为：$[u(k)\ ,y(k)]^{\mathrm{T}}$；网络输出为 $y_{\mathrm{m}}(k+1)$，所以需要构造一个如图 4-12 所示的两输入一输出的神经网络，在此仍然利用 MATLAB 的函数“newff”构造神经网络。

其次是产生训练样本数据，方法与 3.6.1 节完全相同，只是控制量的取值范围定为[−1,1]区间内，故此处从略。

然后是训练神经网络，神经网络隐含层的激励函数仍取为 sigmoid 函数，输出函数取线性函数，利用“train”函数来训练网络，隐含层神经元的个数设置为 8，训练精度设为 0.001，训练步数设为 2000。

最后对训练后的网络做预测仿真，与实际系统[式(4-57)]的输出进行比较，方法是：按照 3.6.1 节样本数据的产生方式，随机产生 50 个数据，分别计算神经网络的输出 $y_{\mathrm{m}}(k)$和按式(4-57)的实际输出 $y(k)$，比较的结果如图 4-15 所示，由图可知，神经网络能够充分逼近被控对象的动态特性，可以作为被控对象的预测模型。

编写的程序如下：

```
%仿真函数:y(k+1)=u(k)^3+y(k)/(1+y(k)^2)-2sin(3y(k))
%训练数据生成
u=[-1,1]
u=rand(1,900)*2-1;
ym=zeros(1,901);
for k=1:1:900;
    ym(k+1)=u(k)^3+ym(k)/(1+ym(k)^2)-2*sin(3*ym(k));
end
y=ym(2:901);
p=[u;ym(1:900)]
%MLP 神经网络建立
n=8;                                    %8 个神经元
net=newff(minmax(p),[n,1],{'logsig' 'purelin'},'trainlm');
%MLP 神经网络训练
```

```
net.trainParam.epochs=2000;          %网络训练时间设置为500
net.trainParam.goal=0.001;           %网络训练精度设置为0.00001
net=train(net,p,y);                  %开始训练网络
%网络逼近测试
u=rand(1,50)*2-1;
for k=1:1:50;
    ym(k+1)=u(k)^3+ym(k)/(1+ym(k)^2)-2*sin(3*ym(k));
end
y_e=ym(2:51);
p=[u;ym(1:50)];
y_bp=sim(net,p);
plot(y_e,'b');
hold on;
plot(y_bp,'r');
```

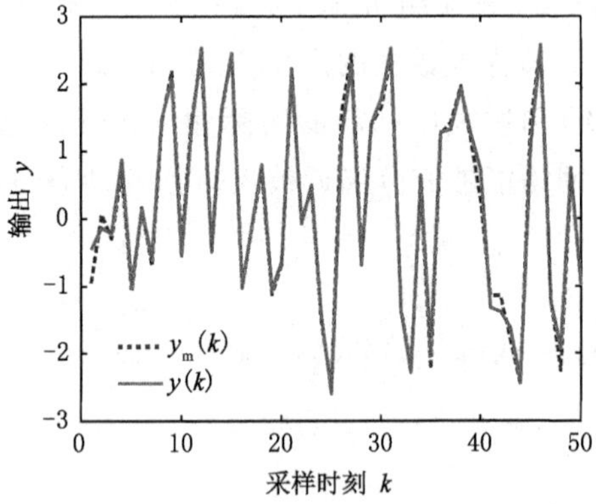

图 4-15　一步预测结果比较

2. 参考信号跟踪控制

根据前面所述原理以及步骤、公式，编写一步预测的全局区间滚动优化算法程序，可以对控制系统进行仿真，给定的参考信号取多工作点阶跃。

初始化的相关参数设置如下：函数的权重因子 $\lambda=0.05$、0 时刻的网络输入向量 $p(0)=[0;0]$、反馈校正系数 $\delta=0.8$，迭代终止常数 $\varepsilon=0.001$；控制量约束为：$u_{\min}=-2$、$u_{\max}=2$、$\Delta u_{\max}=1.5$，将参考输入设为多点阶跃信号进行仿真测试，跟踪的结果如图 4-16 所示，其中，虚线所示的 $y_r(k)$ 为外部给定参考输出，

$y(k)_N$为自然区间扩展法得到的仿真输出；$y(k)_{T1}$、$y(k)_{T2}$分别为泰勒一阶、二阶区间扩展法得到的仿真输出。

编写程序如下：

```
% 自然区间扩展函数
function[ fyk1]=Nature_expansion( Uk,yk )
global lw;global iw,global b1,global b2;
fyk1=infsup(0,0);
for i=1:1:length(lw)
    d=iw(i,2) * yk+b1(i);
    fyk1=fyk1+lw(i) * logsig(iw(i,1) * Uk+d);
end
fyk1=fyk1+b2;
end
%泰勒一阶区间扩展函数
function[ fyk1]=Taylor1_expansion( Uk,yk )
global lw;global iw,global b1,global b2;
fu_add=0;
Rm=infsup(0,0);
x=infsup(0,0);
df1u=infsup(0,0);
for i=1:1:length(lw)
    d=iw(i,2) * yk+b1(i);
    fu1=lw(i) * logsig(iw(i,1) * inf(Uk)+d);
    x=exp(-iw(i,1) * Uk-d);
    df1u=(lw(i) * iw(i,1))/(x+2+1/x);
    fu_add=fu_add+fu1;
    Rm=Rm+df1u * infsup(0,(sup(Uk)-inf(Uk)));
end
fyk1=fu_add+Rm+b2;
end
%泰勒二阶区间扩展函数
function[ fyk1]=Taylor2_expansion( Uk,yk )
global lw;global iw,global b1,global b2;
```

```
fu_add=0;
dfu1_add=0;
U=infsup(0,0);
Rm=infsup(0,0);
u1=inf(Uk); u2=sup(Uk);
for i=1:1:length(lw)
    d=iw(i,2) * yk+b1(i);
    fu1=lw(i) * logsig(iw(i,1) * u1+d);
    x=exp(-iw(i,1) * u1-d);
    df1u1=lw(i) * iw(i,1) * x/(1+x)^2;
    U=exp(-iw(i,1) * Uk-d);
    df2U=(lw(i) * iw(i,1)^2)/(U+3+3/U+1/U^2)-1/(U^2+3 * U+3+1/U);
    %df2U=(lw(i) * iw(i,1)^2) * (U^2-U)/(1+U)^3;
    fu_add=fu_add+fu1;
    dfu1_add=dfu1_add+df1u1;
    Rm=Rm+(df2U * (infsup(0,u2-u1))^2)/2;
end
fyk1=fu_add+dfu1_add * infsup(0,(u2-u1))+Rm+b2;
end
% 区间全局优化算法程序
function[ uk_opt]=BB_optimization( uks1,Uk,yk,yrka1)
epsilon=0.001;
lamda=0.05;
Uk_bs1=infsup(inf(Uk),mid(Uk));
Uk_bs2=infsup(mid(Uk),sup(Uk));
Yka1_bs1=infsup(0,0);
Yka1_bs2=infsup(0,0);
Yka1_bs1=Nature_expansion( Uk_bs1,yk);
%Yka1_bs1=Taylor1_expansion( Uk_bs1,yk);
%Yka1_bs1=Taylor2_expansion( Uk_bs1,yk);
J_bs1=(Yka1_bs1-yrka1)^2+lamda * (Uk_bs1-uks1)^2;
Yka1_bs2=Nature_expansion( Uk_bs1,yk);
%Yka1_bs2=Taylor1_expansion( Uk_bs1,yk);
```

```
%Yka1_bs2=Taylor2_expansion( Uk_bs2,yk);
J_bs2=(Yka1_bs2-yrka1)^2+lamda*(Uk_bs2-uks1)^2;
if(inf(J_bs1)<inf(J_bs2))
    gamma=[Uk_bs1,J_bs1,Uk_bs2,J_bs2];
else gamma=[Uk_bs2,J_bs2,Uk_bs1,J_bs1];
end
minsup=min([sup(J_bs1),sup(J_bs2)]);
while((sup(gamma(1))-inf(gamma(1)))>epsilon)
    Uk_bs1=infsup(inf(gamma(1)),mid(gamma(1)));
    Uk_bs2=infsup(mid(gamma(1)),sup(gamma(1)));
    Yka1_bs1=Nature_expansion( Uk_bs1,yk);
    %Yka1_bs1=Taylor1_expansion( Uk_bs1,yk);
    %Yka1_bs1=Taylor2_expansion( Uk_bs1,yk);
    J_bs1=(Yka1_bs1-yrka1)^2+lamda*(Uk_bs1-uks1)^2;
    Yka1_bs2=Nature_expansion( Uk_bs1,yk);
    %Yka1_bs2=Taylor1_expansion( Uk_bs1,yk);
    %Yka1_bs2=Taylor2_expansion( Uk_bs2,yk);
    J_bs2=(Yka1_bs2-yrka1)^2+lamda*(Uk_bs2-uks1)^2;
    i=3;
    while(inf(J_bs1)>inf(gamma(i+1)))
        i=i+2;
        if(i>(length(gamma)-1))
            break
        end
     end
    if(inf(J_bs1)<=inf(gamma(4)))
        gamma=[Uk_bs1,J_bs1,gamma(3:length(gamma))];
    elseif(i>(length(gamma)-1))
        gamma=[gamma(3:length(gamma)),Uk_bs1,J_bs1];
    else
        gamma=[gamma(3:(i-1)),Uk_bs1,J_bs1,gamma(i:length(gamma))];
    end
    i=1;
```

```
    while(inf(J_bs2)>inf(gamma(i+1)))
        i=i+2;
        if(i>(length(gamma)-1))
            break
        end
    end
    if(inf(J_bs2)<=inf(gamma(2)))
         gamma=[Uk_bs2,J_bs2,gamma(1:length(gamma))];
    elseif(i>(length(gamma)-1))
        gamma=[gamma(1:length(gamma)),Uk_bs2,J_bs2];
    else
        gamma=[gamma(1:(i-1)),Uk_bs2,J_bs2,gamma(i:length(gamma))];
    end
    minsup=min([sup(J_bs1),sup(J_bs2),minsup]);
    i=length(gamma);
    while((inf(gamma(i)))>=minsup)
        gamma=gamma(1:(i-2));
        i=i-2;
    end
end
uk_opt=(inf(gamma(1))+sup(gamma(1)))/2;
end
%控制系统仿真程序
% simulation of neural network predictive control using differant interval analysis
%load('lw.mat');load('iw.mat');load('b1.mat');load('b2.mat');
                                          %若训练的网络参数已保存,则此
                                          %语句可载入权值与偏置参数
global lw;global iw,global b1,global b2;  %声明全局变量
yr=[0.1*ones(1,5),0.2*ones(1,5),0.3*ones(1,5),-0.1*ones(1,5),0.2*ones
(1,5),-0.3*ones(1,5)];
%yr=sin([0:0.1:8]);
uks1=0;
yk=yr(1);
```

```
yrka1=yr(1);
umax=2;
daltau=2.5;
tc=zeros(1,length(yr));
uc=zeros(1,length(yr));
yok1=zeros(1,length(yr));
for i=1:length(yr)
    umin=max(-umax,(uks1-daltau));
    umax=min(umax,(uks1+daltau));
    Uk=infsup(umin,umax);
    %tic;                                  %测试优化时间
    u_opt=BB_optimization( uks1,Uk,yk,yrka1);
    %tc(i)=toc;
    yok1(i)=u_opt^3+yk/(1+yk^2)-2*sin(3*yk);
    ymk1=lw*logsig(iw*[u_opt;yk]+b1)+b2;
    yk=yok1(i);
    uks1=u_opt;
    uc(i)=u_opt;
    if i<length(yr)
        yrka1=yr(i+1)-0.3*(yk-ymk1);
        %yrka1=yr(i+1);
    else yrka1=yr(i);
    end
end
% tcmin=min(tc);
% tcmax=max(tc);
% tcavg=sum(tc)/length(tc);
% yn=yok1;
plot([yr]);
hold on;
plot([yok1]);
```

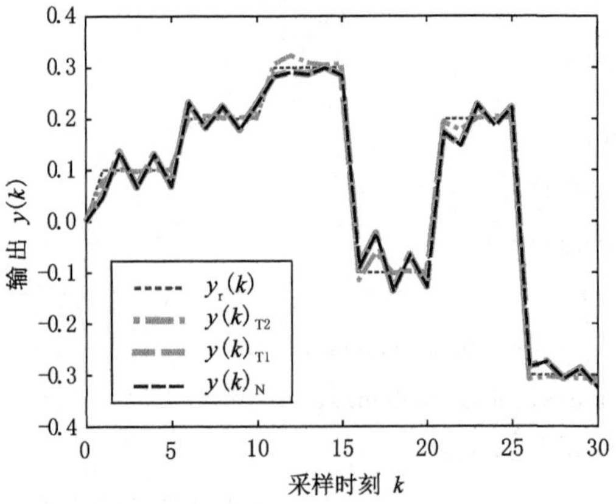

图 4-16　不同区间扩展的多点阶跃跟踪

由图可以看出，神经网络一步预测控制器能够实现对给定参考信号的跟踪控制，但是存在振荡；泰勒一阶区间扩展与自然区间扩展的响应曲线基本重合；相比于局部优化结果图 4-11，跟踪效果不太理想，这主要是因为，预测模型在训练时，控制量的样本数据只在[－1,1]范围内，神经元只取了 8 个，而且训练精度取得较低，所以造成预测模型的预测精度不高；尤其重要的是全局最小点并不一定意味着最优的控制系能，在参数取的相同条件下，全局优化显然会优于局部优化，在局部优化的改进方法中，通过动态校正权重因子优先保证控制系统的性能，所以两者在输出上会有差异。

3. 全局滚动优化时间测试

相比于局部优化方法，采用基于分支定界的区间全局滚动优化方法会消耗更多的计算时间，神经网络预测控制器的实时性未必能够保证，为了说明这一点，下面进行滚动优化时间测试。

针对本章提出的全局优化算法，以上面的控制系统为例进行测试，测试的条件为：CPU：2.4GHz、操作系统：windods XP、测试平台：MATLAB 2012b、测试方法使用 MATLAB 中的函数 tic、toc，所采用的神经网络预测模型为上面仿真训练的网络，即由 8 个神经元构成的预测模型，被控对象及相关参数保持与上面仿真部分一致，分别对自然区间扩展、泰勒一阶扩展、泰勒二阶扩展的算法进行测试，统计其 30 步仿真过程中的滚动优化时间，如表 4-2 所示，表中 $t_{\min}$ 表示 30 个采样控制时刻中最小的滚动优化时间；$t_{\max}$ 表示最大的滚动优化时间；

t_{avg}表示 30 个采样时刻的平均滚动优化时间。

表 4-2　全局滚动优化时间测试

扩展方法	t_{min}/s	t_{max}/s	t_{avg}/s
自然扩展	0.4283	29.036	3.8056
泰勒一阶扩展	0.5969	35.387	4.9642
泰勒二阶扩展	1.3244	5.1843	1.8318

由表 4-2 可知，在本次仿真中，泰勒二阶扩展的全局优化算法最快，自然扩展的优化时间次之，最差的是泰勒一阶扩展方法。由于神经元较少，所以这个时间消耗结果应该是较短的了，相比于局部优化的时间测试表 4-1 可知，基于分支定界的区间全局滚动优化方法用时太多，只能在低速采样的过程控制中使用，而难以应用于高速采样控制系统。

4.3　线性平行区间扩展法

尽管全局滚动优化方法能够找到目标函数的全局(或可行域内)最小点，但是由于算法采用了分支定界的框架，造成滚动优化时间过长，从某种程度上可以说是限制了全局优化方法在神经网络预测控制中的使用；然而神经网络预测控制又期望找到目标函数的全局最小点，以保证控制系统的可靠性，所以有必要对如何加快全局优化算法做进一步研究。

在区间全局滚动优化算法中，显然删除过程是至关重要的，原因很简单，删除得越快，收敛的速度就越快，而删除的规则以定界为基础。假如能够得到目标函数的联合区间扩展，则删除的规则可以定为：只保留具有最小目标函数下界的区间，其他全部删除，这样算法的收敛速度会大幅攀升。令人遗憾的是，复杂的神经网络表达式根本难以得到联合区间扩展，甚至说较窄的区间也很难得到。

对基于分支定界的区间全局优化算法，可以在以下两个方面进行改进，以提高算法的收敛速度，减少计算时间。

① 引入区间优化中的检验原则，如赋值检验、单调性检验、Lipschitz 检验等；

② 探索新的神经网络区间扩展方法，有效降低神经网络输出的扩展区间宽

度，得到更为精确的输出定界。

通过大量仿真分析，可以发现第二个方面还有很大的改进空间，目前的函数区间扩展方法并不适合神经网络的区间扩展，无论是自然扩展法，还是泰勒扩展法，以及中值型扩展法、斜率扩展法等，都无法使得神经网络的输出区间变窄。

所以，本书以探索新的神经网络区间扩展方法为出发点，寻求新的函数区间扩展技术，降低神经网络的输出区间宽度，并以此达到减少优化时间的目标。

4.3.1　神经网络扩展分析

根据图 4-12，仔细研究由下式表示的单隐层前向网络：

$$y_m(k+1) = \sum_{j=1}^{c} lw_j S_j + b_2$$

$$S_j = a\left(u(k)IW_{1,j} + \sum_{i=2}^{n_u} u(k-i+1)IW_{i,j} + \sum_{i=1}^{n_y} y(k-i+1)IW_{i+n_u,j} + b_{1,j}\right) \tag{4-58}$$

可以发现：尽管函数关系中只有一个自变量 $u(k)$，但是经过隐层 Sigmoid 非线性函数的映射，再由线性叠加后输出就变得复杂了。

(1) 自然区间扩展

首先来看 Sigmoid 非线性函数的映射，Sigmoid 函数的表达式为：

$$a(x)=\frac{1}{1+\mathrm{e}^x} \tag{4-59}$$

这是一个单调递增的函数，根据函数的单调性可知，对每一个隐层神经元来说，如果 $u(k)$ 的区间变量可以表示为：

$$\begin{aligned}&[u(k)]=[\underline{u}(k),\overline{u}(k)]\\&\inf[u(k)]=\underline{u}(k)\\&\sup[u(k)]=\overline{u}(k)\end{aligned} \tag{4-60}$$

那么由下式表示的隐层神经元输出区间扩展：

$$\begin{aligned}&[S_j]=[\underline{S_j},\overline{S}_j]\\&\underline{S_j}=\min(S_j(\underline{u}(k)),S_j(\overline{u}(k)))\\&\overline{S}_j=\max(S_j(\underline{u}(k)),S_j(\overline{u}(k)))\end{aligned} \tag{4-61}$$

必然是函数 S_j 的联合区间扩展，因此可知，对于式(4-59)表示的神经网络而言，Sigmoid 函数映射不是区间扩展变宽的影响因素。

那么剩下来的问题就在线性叠加后的输出上面了，在区间分析中，有一个著名的问题，那就是“相关性问题”，考虑如下函数的区间扩展问题：

$$y=x-x \quad x\in \mathbf{R}$$

显然，函数 y 的值域为 0，假设区间变量 $[x]$ 的取值为：

$$[x]=[-5,5]$$

根据自然区间的扩展方法，计算 y 的区间扩展为：

$$[y]=[x]-[x]=[-5,5]-[-5,5]=[-10,10]$$

显然，扩展得到的区间与 y 的联合区间扩展 $[0,0]$ 相去甚远，造成得到的区间超宽，这主要是因为：在进行区间运算时，将两个区间变量 $[x]$ 看成了两个完全独立的区间变量来进行的，没有考虑它们的相关性问题，这就是“相关性问题”引起区间超宽的一个实例。

再来考虑隐层神经元的输出 S_j，由式(4-58)可知，每一个神经元都受同一个变量 $u(k)$ 的控制，因此 S_j 之间必然存在相关性，在线性叠加时，S_j 之前的系数 lw_j 可正可负，所以如果利用自然区间扩展法，必然出现上面例子中相关性引起区间超宽的问题。

(2) 泰勒一阶扩展

根据上一章推导的结果，由式(4-58)表示的神经网络一阶泰勒扩展为：

$$\begin{aligned}
&[y_{\mathrm{m}}(k+1)]_{T1}([u(k)]) = g(\underline{u}(k)) + ([u(k)] - \underline{u}(k))g'([u(k)]) \\
&g'([u(k)]) = \sum_{j=1}^{c} lw_j IW_{1,j} \frac{\exp(-([u(k)]IW_{1,j} + v_j))}{(1+\exp(-([u(k)]IW_{1,j} + v_j)))^2} \\
&v_j = \sum_{i=2}^{n_u} u(k-i+1) IW_{1,j} + \sum_{i=1}^{n_y} y(k-i+1) IW_{i+n_u,j} + b_{1,j}
\end{aligned} \tag{4-62}$$

根据式(4-62)的第一个方程可知，方程右边的第一项为常数项，不会影响区间的扩展，可以不予考虑。关键在于第二项，由第二个方程知，$g'([u(k)])$ 本身的表达式在计算时就要出现像自然区间扩展一样的线性累加问题，然后还要与另一个具有相关性的区间相乘才能得到结果，所以，第二项是影响最后区间宽度的关键。

(3) 泰勒二阶扩展

根据上一章推导的结果，由式(4-58)表示的神经网络二阶泰勒扩展为：

$$[y_{\mathrm{m}}([u(k)])=g(\underline{u}(k))+([u(k)]-\underline{u}(k))g'([\underline{u}(k)])$$

$$+\frac{([u(k)]-\underline{u}(k))^2}{2}g''([u(k)]) \qquad (4\text{-}63)$$

$$g'([\underline{u}(k)])=\sum_{j=1}^{c}lw_j IW_{1,j}\frac{\exp(-(\underline{u}(k)IW_{1,j}+v_j))}{(1+\exp(-(\underline{u}(k)IW_{1,j}+v_j)))^2}$$

$$g''([u(k)]) =$$

$$\sum_{j=1}^{c}lw_j IW_{1,j}^2\frac{\exp(-2([u(k)]IW_{1,j}+v_j))-\exp(-([u(k)]IW_{1,j}+v_j))}{(1+\exp(-([u(k)]IW_{1,j}+v_j)))^3}$$

根据式(4-63)的方程可知,方程右边的第一项为常数,可以不予考虑。比较有意义的是第二项,从第二个方程可知,第二项的后面是一个常数,根据常数与区间的乘法可知,在计算时不会造成区间的超宽现象(相对于联合区间扩展而言),而一个常数乘一个区间与直线的方程类似,考虑如下 i 个直线的方程:

$$y_i=k_i(x-x_0) \quad k=1,2\cdots$$

对这些直线方程进行累加可得:

$$\sum_i y_i = \sum_i k_i(x-x_0) = (x-x_0)\sum_i k_i \quad i=1,2\cdots$$

对这个累加结果做自然区间扩展可得:

$$\left[\sum_i y_i\right]=([x]-x_0)\sum_i k_i \quad i=1,2\cdots$$

明显可知,上式是 i 个直线累加的联合区间扩展,这种方法完全避免了先将每一个直线做区间扩展,然后再累加产生相关性区间超宽的问题。对比式(4-63)第一个方程的第二项可知,这一项在某种意义上说,克服了神经元间的线性相关性。

尽管泰勒二次扩展的第二项很好,但是第三项仍然需要做大量区间运算,这些运算可能会增大区间的宽度。

通过以上分析,可以得到一个有益的启示:是否能够将神经元的输出,分解为一条直线,然后最小化由此产生的误差,这样线性累加的结果就可以完全避免线性相关问题,在这个启示下,有了以下神经网络新的区间扩展方法。

4.3.2 线性平行扩展

考虑式(4-58)表示的神经网络,对任意一个神经元,以 $u(k)$ 为横坐标,以 lw_jS_j 为纵坐标,可以绘制单个神经元的输出曲线如图 4-17 所示,对于由式(4-60)表示的区间变量 $[u(k)]$,设其下界对应曲线上的 A 点,上界对应曲线上的 B 点,如果考虑用直线 AB_j 在区间变量 $[u(k)]$ 的范围内代替曲线 lw_jS_j,设这种代替产生的误差为 e_j,则 e_j 可以表示为:

$$e_j = lw_j S_j - AB_j \tag{4-64}$$

由于区间变量$[u(k)]$的上、下界是已知的，所以直线 AB_j 可以表示为：

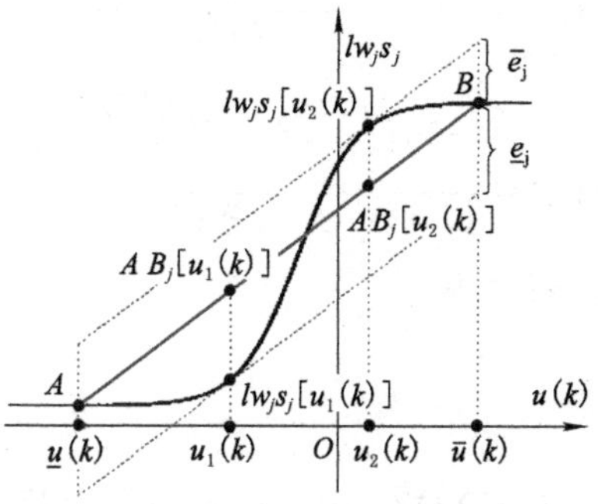

图 4-17　Sigmoid 函数的线性平行区间扩展

$$AB_j = lw_j S_j(\underline{u}(k)) + \kappa_j(u(k) - \underline{u}(k)) \tag{4-65}$$

其中，κ_j 表示直线的斜率：

$$\kappa_j = \begin{cases} \dfrac{lw_j S_j(\bar{u}(k)) - lw_j S_j(\underline{u}(k))}{\bar{u}(k) - \underline{u}(k)} & \text{如果：} lw_j \neq 0\text{，且 } IW_{1,j} \neq 0, \bar{u}(k) \neq \underline{u}(k) \\ 0 & \text{其他} \end{cases} \tag{4-66}$$

注意到，在基于分支定界的区间全局优化算法中，区间变量$[u(k)]$的初始值是控制量的可行域，不可能上、下界相等，根据二分法进行分支后，上、下界也不可能相等，所以，式(4-66)中的分母在实际计算中不可能为 0。

下面来求误差的极值，以确定其变化范围：

令：

$$\frac{de_j}{du(k)} = 0$$

整理可得：

$$\frac{dlw_j S_j}{du(k)} = \frac{dAB_j}{du(k)} = \kappa_j \tag{4-67}$$

根据式(4-58)可知，$lw_j S_j$ 是连续且可导的函数，所以根据拉格朗日中值定理知，方程(4-67)至少有一个解。

式(4-67)说明，最大误差发生在曲线上导数等于直线斜率处，或者说曲线的切线平行于直线处，如图中的 $u_1(k)$、$u_2(k)$处。

进一步，根据式(6-58)、(6-59)、(6-63)，可以求出这两个点分别为：

$$\begin{cases} u_1(k)=\dfrac{-\ln\left(\dfrac{1-2\sigma_j+\sqrt{1-4\sigma_j}}{2\sigma_j}\right)-v_j}{IW_{1,j}} \\ u_2(k)=\dfrac{-\ln\left(\dfrac{1-2\sigma_j-\sqrt{1-4\sigma_j}}{2\sigma_j}\right)-v_j}{IW_{1,j}} \end{cases} \tag{4-68}$$

其中参数 σ_j、v_j 可以表示为：

$$\begin{aligned} \sigma_j &= \frac{\kappa_j}{lw_j IW_{1,j}} \\ v_j &= \sum_{i=2}^{n_u} u(k-i+1) IW_{i,j} + \sum_{i=1}^{n_y} y(k-i+1) IW_{i+n_u,j} + b_{1,j} \end{aligned} \tag{4-69}$$

当 $u_1(k)=u_2(k)$ 时，方程的解变为只有一个。

根据式(4-58)可知，当 $lw_j=0$，或者 $IW_{1,j}=0$ 时，lw_jS_j 为常数，不必进行区间扩展，直接将常数代入累加即可，所以，在进行区间扩展时必然有这两项都不为 0，也就是说式(4-68)、(4-69)的分母不会为 0。

尽管方程(4-67)一般会有两个解，但是这两个解不一定都如图 4-17 所示落在了区间变量[$u(k)$]的范围内，而区间扩展只考虑[$u(k)$]的范围内，所以在按式求得解后，要进行判断。

设误差 e_j 可以用区间变量表示为：

$$[e_j]=[\underline{e}_j,\overline{e}_j] \tag{4-70}$$

如果用 $u'(k)$ 表示在区间变量[$u(k)$]的范围内的解，即满足：

$$\underline{u}(k)\leqslant u'(k)\leqslant \overline{u}(k) \tag{4-71}$$

综合考虑[$u(k)$]的范围内有一个解及两个解的情况，可以先将区间变量[e_j]初始化为：[0,0]，然后按下式求得[e_j]：

$$\begin{cases} \underline{e}_j=\overline{e}_j=0 & \text{如果：} lw_j=0\text{，或 } IW_{1,J}=0\text{，或 } \overline{u}(k)=\underline{u}(k) \\ \overline{e}_j=\theta & \text{如果：} \theta=lw_jS_j(u'(k))-AB_j(u'(k))>0 \\ \underline{e}_j=\theta & \text{如果：} \theta=lw_jS_j(u'(k))-AB_j(u'(k))<0 \end{cases} \tag{4-72}$$

根据以上可知，对于区间变量[$u(k)$]内的任何 $u(k)$，有：

$$lw_jS_j(u(k))\in AB_j+[e_j] \tag{4-73}$$

为便于表达，将式(4-58)简记为：

$$y_{\mathrm{m}}(k+1)=g(u(k)) \tag{4-74}$$

根据式(4-58)、(4-64)、(4-65)、(4-73)、(4-74)可得：

$$
\begin{aligned}
y_{\mathrm{m}}(k+1) &\in \sum_{j=1}^{c}\mathrm{AB}_j+\sum_{j=1}^{c}[e_j]+b_2\\
&=\Big(\sum_{j=1}^{c}lw_jS_j(\underline{u}(k))\Big)+b_2+\Big(\sum_{j=1}^{c}\kappa_j(u(k)-\underline{u}(k))\Big)+\sum_{j=1}^{c}[e_j]\\
&=g(\underline{u}(k))+(u(k)-\underline{u}(k))\sum_{j=1}^{c}\kappa_j+\sum_{j=1}^{c}[e_j] \qquad (4\text{-}75)
\end{aligned}
$$

所以，由式(4-58)表示的神经网络可以扩展为：

$$
[y_{\mathrm{m}}(k+1)]_L([u(k)])=g(\underline{u}(k))+[u(k)]-\underline{u}(k))\sum_{j=1}^{c}\kappa_j+\sum_{j=1}^{c}[e_j] \qquad (4\text{-}76)
$$

由于在扩展时，如图 4-17 所示，相当于用一对平行线将曲线包围，所以将这种扩展方法称为线性平行扩展，式(4-76)中下标“L”用于表示这种扩展。

对于神经网络的线性平行扩展，有以下定理：

定理 4-6：如果一个神经网络的输入输出函数关系式可以用式(4-58)的形式表达，则公式(4-76)是该神经网络的一种函数区间扩展。

证明：根据式 6-18 的推导过程知，对区间变量$[u(k)]$内的任何 $u(k)$，有下式成立：

$$
y_{\mathrm{m}}(k+1)=g(u(k))\in g(\underline{u}(k))+(u(k)-\underline{u}(k))\sum_{j=1}^{c}\kappa_j+\sum_{j=1}^{c}[e_j]
$$

对上式右边做自然区间扩展，可得：

$$
\begin{aligned}
&g(\underline{u}(k))+(u(k)-\underline{u}(k))\sum_{j=1}^{c}\kappa_j+\sum_{j=1}^{c}[e_j]\\
&\subseteq g(\underline{u}(k))+([u(k)]-\underline{u}(k))\sum_{j=1}^{c}\kappa_j+\sum_{j=1}^{c}[e_j]
\end{aligned}
$$

所以，可知下式成立：

$$
g(u(k))\in g(\underline{u}(k))+([u(k)]-\underline{u}(k))\sum_{j=1}^{c}\kappa_j+\sum_{j=1}^{c}[e_j]
$$

下面证明：

$$
[y_m(k+1)]_L(u(k))=g(u(k))
$$

当区间变量$[u(k)]$上、下界相等，区间变量退化为实数时，由式(4-66)知，有：

$$
(u(k)-\underline{u}(k))=0,\ \kappa_j=0
$$

所以，式(4-76)右边第二项等于 0，又根据式(4-72)知，$[e_j]=[0,0]$，所以，

式(4-76)右边第三项也等于0,此时有:

$$[y_{\mathrm{m}}(k+1)]_L(u(k))=g(\underline{u}(k))=g(u(k))$$

根据定义5-5知,式(4-76)是由式(4-58)表达的神经网络的一种函数区间扩展。

定理4-7:如果一个神经网络的输入输出函数关系式可以用式(4-58)的形式表达,对该神经网络按公式(4-76)进行线性平行区间扩展,则扩展后得到的区间函数$[y_{\mathrm{m}}(k+1)]_L([u(k)])$是原函数$y_{\mathrm{m}}(k+1)=g(u(k))$的包含函数。

证明:

$$\forall u_a \in [\underline{u}(k),\overline{u}(k)],\ g(u_a)=\sum_{j=1}^{c} lw_j S_j(u_a)+b_2$$

根据式(4-64)、(4-67)、(4-70)可知,下式成立:

$$lw_j S_j(u_a)-(lw_j S_j(\underline{u}(k))+\kappa_j(u_a-\underline{u}(k))\in[e_j]=[\underline{e}_j,\overline{e}_j]$$

$$lw_j S_j(u_a)\in lw_j S_j(\underline{u}(k))+\kappa_j(u_a-\underline{u}(k))+[e_j]$$

$$\sum_{j=1}^{c} lw_j S_j(u_a(+b_{\mathrm{W}}\in\sum_{j=1}^{c} lw_j S_j(\underline{u}(k))+b_{\mathrm{W}}+(u_a-\underline{u}(k))\sum_{j=1}^{c}\kappa_j+\sum_{j=1}^{c}[e_j]$$

由上式可以得到:

$$g(u_a)\in g(\underline{u}(k))+(u_a-\underline{u}(k))\sum_{j=1}^{c}\kappa_j+\sum_{j=1}^{c}[e_j]$$

又因为:$(u_a-\underline{u}(k))\in([u(k)]-\underline{u}(k))$,所以可以得出:

$$g(u_a)\in g(\underline{u}(k))+([u(k)-\underline{u}(k))\sum_{j=1}^{c}\kappa_j+\sum_{j=1}^{c}[e_j]=[y_{\mathrm{m}}(k+1)])[u(k)])$$

由于u_a是区间变量$[u(k)]$的任意一个值,所以有:$g([u(k)])\subset[y_{\mathrm{m}}(k+1)]([u(k)])$

据定义4-4知,区间函数$[y_{\mathrm{m}}(k+1)]_L([u(k)])$是原函数$y_{\mathrm{m}}(k+1)=g(u(k))$的包含函数。

4.3.3 全局区间优化算法的收敛性

由式(4-58)可知,神经网络的函数表达式是连续的,定理4-7表明:线性平行扩展得到的区间函数是原函数的包含函数,再根据文献[104,105]知,如果采用线性平行扩展,Moore-Skelbore算法将收敛到全局最小点,本章设计的全局优化算法,在数组的构造,区间删除,分支等方面与Moore-Skelbore算法完全相同,因此,本文设计的全局优化算法也必然收敛到全局最小点。

4.3.4　不同扩展方法比较

为检验线性平行区间扩展法得到的区间宽度情况，根据前面建立的 8 个神经元组成的神经网络预测模型，设当前系统输出 $y(k)=0.5$，分别利用自然区间扩展、泰勒一阶区间扩展、泰勒二阶区间扩展、线性平行区间扩展，对神经网络输出进行扩展，得到结果如表 4-3 所示。

表 4-3　8 个神经元的不同区间扩展方法比较

自然区间扩展	泰勒一阶区间扩展	泰勒二阶区间扩展	线性平行区间扩展	实际输出变化区间	区间变量[$u(k)$]
[−68,65]	[−92,75]	[−38,15]	[−3,0]	[−2.6,−0.6]	[−1,1]
[−62,58]	[−81,66]	[−30,11]	[−2.8,−0.5]	[−2.3,−0.9]	[−0.9,0.9]
[−55,52]	[−71,58]	[−23,7.9]	[−2.4,−0.8]	[−2.1,−1.1]	[−0.8,0.8]
[−49,45]	[−60,50]	[−17,5.3]	[−2.2,−1]	[−1.9,−1.3]	[−0.7,0.7]
[−42,39]	[−51,42]	[−13,3.2]	[−2,−1.2]	[−1.8,−1.4]	[−0.6,0.6]
[−35,32]	[−41,35]	[−9,1.6]	[−1.8,−1.4]	[−1.7−1.5]	[−0.5,0.5]
[−29,25]	[−32,27]	[−6,0.3]	[−1.7,−1.5]	[−1.7,−1.5]	[−0.4,0.4]
[−22,19]	[−24,20]	[−4,−0.6]	[−1.7,−1.6]	[−1.6,−1.6]	[−0.3,0.3]
[−15,12]	[−16,12]	[−2.6,−1.2]	[−1.6,−1.6]	[−1.6,−1.6]	[−0.2,0.2]
[−8,5.2]	[−8.6,5]	[−1.8,−1.5]	[−1.6,−1.6]	[−1.6,−1.6]	[−0.1,0.1]

编写线性平行区间扩展函数如下：

```
%平行区间扩展函数
function[ fyk1]=lp_expansion( Uk,yk)
global lw;global iw,global b1,global b2;
sk=0;
sful=0;
se=infsup(0,0);
u1=inf(Uk); u2=sup(Uk);
for j=1:1:length(lw)
    en=0;ex=0;
    d=iw(j,2) * yk+b1(j);
    fu1=lw(j) * logsig(iw(j,1) * u1+d);
    fu2=lw(j) * logsig(iw(j,1) * u2+d);
```

```
        k=(fu2-fu1)/(u2-u1);
        c=k/(lw(j) * iw(j,1));
        ex1=(1-2 * c+sqrt(1-4 * c))/(2 * c);
        ex2=(1-2 * c-sqrt(1-4 * c))/(2 * c);
        x1=(-log(ex1)-d)/iw(j,1);
        x2=(-log(ex2)-d)/iw(j,1);
        if(u1<x1)&&(x1<u2)
            fx1=lw(j)/(1+ex1);
            lx1=fu1+k * (x1-u1);
            if(fx1>lx1)
                ex=fx1-lx1;
            else en=fx1-lx1;
            end
        end
        if(u1<x2)&&(x2<u2)
            fx2=lw(j)/(1+ex2);
            lx2=fu1+k * (x2-u1);
            if(fx2>lx2)
                ex=fx2-lx2;
            else en=fx2-lx2;
            end
        end
        sk=k+sk;
        sfu1=sfu1+fu1;
        se=se+infsup(en,ex);
    end
    fyk1=sfu1+b2+sk * infsup(0,(u2-u1))+se;
    end
```

根据表 4-3 可知，在只有 8 个神经元的网络里，使用线性平行区间扩展得到的区间，与实际网络输出的变化区间基本一致，而泰勒二阶扩展在区间变量较窄时得到的区间接近实际网络输出的变化区间，自然扩展得到的区间较宽，相比而言，效果最差的是泰勒一阶扩展。

为了进一步对比这四种扩展方法的效果，将样本数据生成区间扩大为[−2,2]，神经网络中神经元的个数取为 30，训练该网络，使其逼近非线性系统

(4-57),并设当前系统输出 $y(k)=0.5$,再次利用自然区间扩展、泰勒一阶区间扩展、泰勒二阶区间扩展、线性平行区间扩展,对神经网络输出进行扩展,得到结果如表 4-4 所示:

表 4-4　30 个神经元的不同区间扩展方法比较

自然区间扩展	泰勒一阶区间扩展	泰勒二阶区间扩展	线性平行区间扩展	实际输出变化区间	区间变量 [$u(k)$]
[−42,39]	[−1532,1711]	[−62195,55936]	[−40,37]	[−9.6,6.4]	[−2,2]
[−39,36]	[−1377,1515]	[−50292,45297]	[−36,33]	[−7.4,4.2]	[−1.8,1.8]
[−37,34]	[−1222,1327]	[−39662,35777]	[−33,30]	[−5.7,2.5]	[−1.6,1.6]
[−35,32]	[−1068,1147]	[−30322,27380]	[−30,27]	[−4.4,1.1]	[−1.4,1.4]
[−34,30]	[−914,973]	[−22261,20107]	[−28,25]	[−3.3,0.1]	[−1.2,1.2]
[−32,29]	[−762,805]	[−15454,13958]	[−26,23]	[−2.6−0.6]	[−1,1]
[−31,28]	[−609,640]	[−9889,8930]	[−24,21]	[−2.1,−1.1]	[−0.8,0.8]
[−31,27]	[−457,477]	[−5560,5019]	[−22,19]	[−1.8,−1.4]	[−0.6,0.6]
[−27,23]	[−285,296]	[−2164,1942]	[−19,16]	[−1.7,−1.5]	[−0.4,0.4]
[−3,−0.4]	[−10,7]	[−3,0.4]	[−2,−1]	[−1.6,−1.6]	[−0.2,0.2]
[−2,−1.3]	[−2,−1]	[−1.6,−1.6]	[−1.6,−1.6]	[−1.6,−1.6]	[−0.1,0.1]

由表 4-4 可知,在神经元的数量加大到 30 个时,随着区间变量宽度的增大,泰勒一阶、二阶扩展得到的区间宽度迅速增大,这主要是因为,泰勒扩展中最后一项的计算会带来较大的误差,已经不宜用于区间的定界;在区间变量宽度较窄时,泰勒二阶扩展得到的区间超宽度较小;总体来说,自然区间扩展要优于泰勒扩展,而线性平行扩展在区间变量宽度较大时,稍优于自然区间扩展,在区间变量宽度较小时远优于自然区间扩展。

比较表 4-3 与 4-3 可知,在神经元的数目增加后,线性平行扩展会带来较大的超宽度,这主要是因为式(4-76)的最后一项是不能消除相关性的,大量的神经元累加后误差必然变大。尽管如此,线性平行扩展仍然优于其他三种方法。

从表 4-3 与 4-3 还可以看出,无论哪一种方法,都与神经网络实际输出的变化区间相差较大,尤其在神经元数量增大时,所以继续探索新的方法仍然是将来的任务。

4.3.5　控制系统仿真

为便于比较,仿真完全按照前节中的参数设置,神经网络一步预测模型还使用前节中训练得到的 8 个神经元组成的网络，只是重新按照线性平行区间扩展法仿真试验一次，将结果与另外三种方法的绘制在一起，如图 4-18 所示：

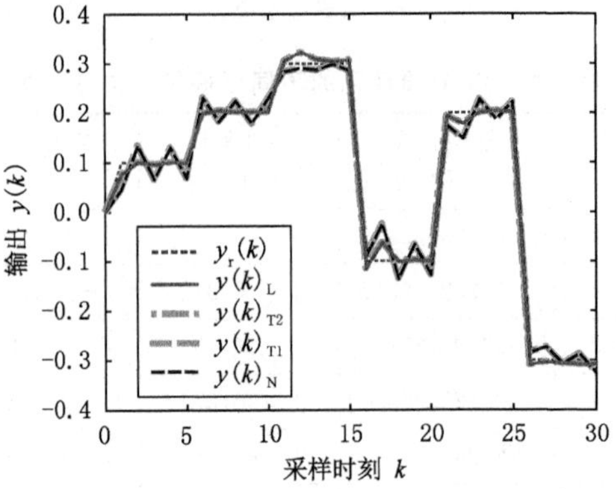

图 4-18　不同区间扩展的多点阶跃跟踪

从图 4-18 可以看出，无论哪一种方法，都能实现对多点阶跃信号的跟踪，其中自然扩展法与泰勒一阶扩展的响应曲线基本重合；线性平行扩展法与泰勒二阶扩展法的响应曲线基本重合；说明这些扩展方法都能使得滚动优化算法找到全局最小点。按照前节测试滚动优化时间的方法，对线性平行扩展法进行测试，并与其他三种方法测试的结果绘制在一起，如表 4-5 所示。

表 4-5　全局滚动优化时间测试

扩展方法	$t_{\min}$/s	$t_{\max}$/s	t_{avg}/s
自然扩展	0.4283	29.036	3.8056
泰勒一阶扩展	0.5969	35.387	4.9642
泰勒二阶扩展	1.3244	5.1843	1.8318
线性平行扩展	0.1844	0.6349	0.2519

由表 4-5 可知，线性平行区间扩展法使得滚动优化的时间大幅降低，无论是最小优化时间，还是最大优化时间以及平均优化时间都远远小于其他三种扩展方法，说明线性平行区间扩展法在神经网络规模较小时能够显著降低优化时间。

为了检验在网络规模较大时线性平行区间扩展法对优化时间的影响，将样本数据生成区间扩大为[－2，2]，神经网络中神经元的个数取为 30，训练该网络，使其逼近非线性系统(4-57)，继续对优化时间测试，考虑到表 4-5 所示情况，因为泰勒一阶、二阶扩展得到的区间超宽现象严重，不可能比自然扩展优化时间低，因此，这里只对自然区间扩展与线性平行区间扩展做比较，两种方法的多点阶跃响应如图 4-19 所示。

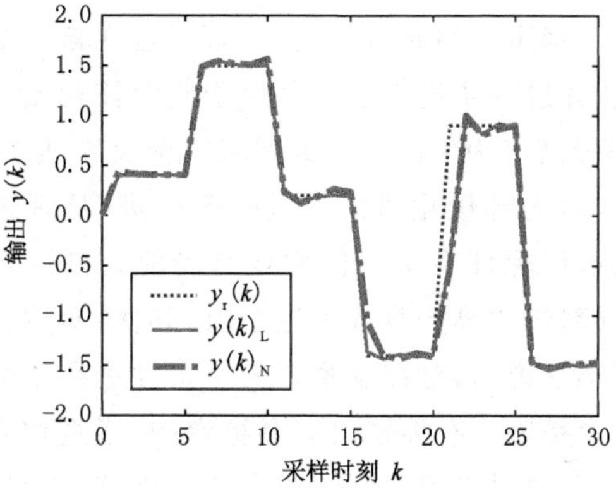

图 4-19　线性平行扩展与自然扩展的多点阶跃跟踪

从图 4-19 来看，线性平行扩展法与自然扩展法对多点阶跃的跟踪响应基本差不多，线性平行扩展法略好一些，显然都能对信号进行跟踪，不会出现局部优化中存在的因陷入局部极小点而致使控制性能恶化的问题。

分别对两种扩展方法的滚动优化时间进行测试，测试条件与前节完全一样，将两种扩展方法的优化时间列于表 4-6 中。

表 4-6　线性平行扩展与自然扩展的优化时间比较

扩展方法	t_{min}/s	t_{max}/s	t_{avg}/s
自然扩展	1.5134	48.039	7.7079
线性平行扩展	0.3999	2.3582	0.7826

从表 4-6 可知，线性平行扩展的优化时间远低于自然扩展，尽管从表 4-4 看，线性平行扩展在区间变量宽度较大时，只是稍优于自然区间扩展，但是在区间变量宽度较小时却远优于自然区间扩展，由前节所述的全局优化算法知，更窄的区间定界能够减少分支的次数，及时删去较多的区间，所以才使得滚动优化的时间大幅较少。

4.4 本章小结

本章首先通过分析将神经网络预测控制中局部优化存在的问题归结为三大类，并提出了解决问题的方法，采用动态确定初始值的方法，将最优性能(即最小输出误差)点确定为初始值，分析论证了选在该点能够解决局部优化中存在的一些问题，并进一步提出了一种用于确定该初始值的逆神经网络方法，给出了以 BP 神经网络为例的逆神经网络结构及表达式；然后通过动态校正权重因子的方法，对局部优化算法作进一步改进，从理论上论证了提出的权重因子校正方法可以保证在最优性能点与当前控制点之间一定存在局部极小值，从而使得局部优化算法收敛到这个值；其次，对改进后的控制器结构及控制算法进行了详细说明，对控制系统的稳定性进行了分析，得出结论：改进后的控制系统至少是输入有界输出有界稳定的；通过仿真实例对改进后的算法进行了再次仿真，通过与第 3 章的仿真结果比较，说明了改进后的 BP 神经网络预测控制系统能够实现对正弦信号及多点阶跃信号的跟踪控制，通过 MATLAB 软件测试了滚动优化的时间消耗，进一步说明了滚动优化的实时性。

基于分支定界框架，构造了神经网络一步预测控制的区间全局滚动优化方法。首先对本文需要的区间分析知识做了介绍，给出了函数区间扩展的方法：自然扩展法、泰勒扩展法；通过神经网络一步预测模型的表达式，推导了神经网络的自然区间扩展公式，以及泰勒一阶扩展、泰勒二阶扩展的公式；说明了全局优化中对控制量约束的处理方法；根据分支定界的四个过程，利用推导的神经网络区间扩展方法，详细给出了全局滚动优化的算法；然后说明了控制系统的工作原理；最后通过一个非线性系统实例，对本章提出的方法进行了仿真实验，实验结果说明方法可行，另外还对滚动优化时间进行了测试、比较。

提出了一种神经网络的线性平行区间扩展方法。对使用 Sigmoid 函数为激励函数的神经网络，分别分析了自然区间扩展法、泰勒一阶扩展法、泰勒二阶扩展法造成的扩展后区间超宽的问题；并在此基础上提出了线性平行区间扩展，即用连接曲线在区间变量上、下界处的直线代替曲线，以消除线性相关性，然后计算这种代替引起的误差，根据最后累加的表达式再进行自然扩展；在理论上证明了该方法是神经网络的一种扩展，而且得到的区间函数是神经网络输出函数的包含函数；分析了利用线性平行扩展法的全局优化算法的收敛性；以实例对比了线性平行扩展法与自然扩展、泰勒一阶、二阶扩展得到的区间；最后对一个非线性系统实例进行了多点阶跃响应仿真，测试了滚动优化时间，并进行了比较。

第5章 RBF神经网络预测控制

RBF神经网络也是一种前向结构网络，属于静态神经网络，但是由于采用了径向基激励函数，所以相比于MLP神经网络，RBF神经网络不容易陷入局部极小值，而且训练速度也很快。到目前为止，可以说RBF神经网络在预测控制中被使用的频率仅次于MLP网络。

5.1 引言

在各种局部优化方法中，Levenberg-Marquardt(L-M)是使用较为广泛的一种非线性最小二乘优化方法。它是高斯-牛顿(Gauss-Newton)法的一种改进方式，通过变步长使得自身具有牛顿步长的局部收敛性和梯度下降步长的全局收敛性的优点[106]。所以从某种程度上说，L-M方法是介于牛顿法与梯度下降法之间的一种优化方法，而且L-M方法能够自适应地调整阻尼因子，进而提高收敛的速度。

考虑如下目标函数的优化问题：

$$\min \quad s(x) = \| f(x) \|^2 = \sum_{i=1}^{m} f_i^2(x)$$

其中，$x \in \mathbf{R}^n$，一般在优化理论中将这一类问题称为最小二乘问题(least square problem)。

令：

$$\boldsymbol{A}_j = \nabla f(x^j) = \begin{bmatrix} \dfrac{\partial f_1(\boldsymbol{x}^j)}{\partial x_1^j} & \dfrac{\partial f_1(\boldsymbol{x}^j)}{\partial x_2^j} & \cdots & \dfrac{\partial f_1(\boldsymbol{x}^j)}{\partial x_n^j} \\ \dfrac{\partial f_2(\boldsymbol{x}^j)}{\partial x_1^j} & \dfrac{\partial f_2(\boldsymbol{x}^j)}{\partial x_2^j} & \cdots & \dfrac{\partial f_2(\boldsymbol{x}^j)}{\partial x_n^j} \\ \vdots & \vdots & \ddots & \vdots \\ \dfrac{\partial f_m(\boldsymbol{x}^j)}{\partial x_1^j} & \dfrac{\partial f_m(\boldsymbol{x}^j)}{\partial x_2^j} & \cdots & \dfrac{\partial f_m(\boldsymbol{x}^j)}{\partial x_n^j} \end{bmatrix}$$

上式中，$\boldsymbol{A}_j$ 是雅可比矩阵，∇是梯度算子。

最小二乘优化的 Gauss-Newton 方法迭代公式是：

$$\boldsymbol{x}^{j+1}=\boldsymbol{x}^{j}-(\boldsymbol{A}_j^{\mathrm{T}}\times\boldsymbol{A}_j)^{-1}\times\boldsymbol{A}_j^{\mathrm{T}}\times f(\boldsymbol{x}^{j})$$

如果采用 Gauss-Newton 方法做滚动优化，那么必然要求 $\boldsymbol{A}_j$ 是列满秩的，否则 $\boldsymbol{A}_j^{\mathrm{T}}\times\boldsymbol{A}_j$ 将是不可逆的；显然在无数次的滚动优化过程中，往往难以总是能够满足这个要求，所以需要选择其他更可靠的方法。

为了消除 Gauss-Newton 方法对 $\boldsymbol{A}_j$ 必须是列满秩的限制，Levenberg(1944)以及 Marquardt(1963)对 Gauss-Newton 方法做了以下修改：在需要求逆矩阵的部分加上一个正定矩阵：$\alpha_j\boldsymbol{I}$，α_j 是大于 0 的常数，$\boldsymbol{I}$ 是 n 阶单位矩阵，这样修改后显然对 $\boldsymbol{A}_j$ 就没有限制了，因为 $\alpha_j\boldsymbol{I}$ 将会使得 $\boldsymbol{A}_j^{\mathrm{T}}\times\boldsymbol{A}_j+\alpha_j\boldsymbol{I}$ 总是可逆的，修改后的迭代公式变为：

$$\boldsymbol{x}^{j+1}=\boldsymbol{x}^{j}-(\boldsymbol{A}_j^{\mathrm{T}}\times\boldsymbol{A}_j+\alpha_j\boldsymbol{I})^{-1}\times\boldsymbol{A}_j^{\mathrm{T}}\times f(\boldsymbol{x}^{j})$$

将上面这个迭代公式称为 L-M 方法。

通过修改后的 L-M 迭代公式，可以发现：当 α_j 等于 0 时，L-M 方法就变成 Gauss-Newton 法。

当 α_j 充分大时，L-M 的方向将充分接近 $s(\boldsymbol{x})$在点 x_j 处的最速下降方向，从而减慢算法的收敛速度，所以要对 α_j 出现过大值进行限制；如果 α_j 太小，则无法保证在迭代过程中目标函数确定下降[93]。

为此，可以引入一个放大因子 β，并构造以下 L-M 算法[107]：

第一步：设定初始迭代点 $\boldsymbol{x}^{0}\rightarrow\boldsymbol{x}^{j}$，初始化参数 $\alpha_1>0$，以及增长因子 $\beta>1$，迭代终止参数 $\varepsilon>0$，计算 $s(\boldsymbol{x}^{0})$，置 $\alpha_j=\alpha_1$，$j=1$。

第二步：置 $\alpha_j:=\alpha_j/\beta$，计算 $\boldsymbol{A}_j$ 以及 $f(\boldsymbol{x}^{j})$。

第三步：根据公式计算 $\boldsymbol{x}^{j+1}$。

第四步：计算 $s(\boldsymbol{x}^{j+1})$，如果 $s(\boldsymbol{x}^{j+1})<s(\boldsymbol{x}^{j})$，则转第六步；否则，进行第五步。

第五步：如果 $\|\boldsymbol{A}_j^{\mathrm{T}}\times f(\boldsymbol{x}^{j})\|<\varepsilon$，则停止计算，得到最优解 $\boldsymbol{x}^{*}=\boldsymbol{x}^{j}$；否则，置 $\alpha_j:=\alpha_j\beta$，转第三步。

第六步：如果 $\|\boldsymbol{A}_j^{\mathrm{T}}\times f(\boldsymbol{x}^{j})\|<\varepsilon$，则停止计算，得到最优解 $\boldsymbol{x}^{*}=\boldsymbol{x}^{j}$；否则，置 $j+1\rightarrow j$，返回第二步。

以上是 L-M 较经典的算法步骤。

通过查阅文献，发现很少有研究者使用 L-M 方法对 RBF 神经网络预测控制做滚动优化，所以本章主要研究 RBF 神经网络的预测模型建立方法，以及如何使用 L-M 方法做滚动优化。

5.2 RBF 神经网络预测模型

仍然考虑非线性 SISO 系统，设其离散形式可以表示为：

$$y(k+1)=f(y(k),y(k-1),\cdots,y(k-n_y+1),u(k),u(k-1),\cdots,u(k-n_u+1)) \tag{5-1}$$

式中，$u(k),u(k-1),\cdots,u(k-n_u+1)$分别是第 $k,k-1,\cdots,k-n_u+1$ 采样时刻输入的控制量值；$y(k+1),y(k),y(k-1),\cdots,y(k-n_y+1)$分别是第 $k+1,k,k-1,\cdots,k-n_u+1$ 采样时刻被控对象的输出值；n_u、n_y 分别为输入控制量时间序列与被控对象输出时间序列的延迟阶次，f 表示未知的非线性映射关系。

在任意采样时刻 k，将 k 时刻之前的值称为历史值，在 k 时刻，控制器可以通过检测单元测量被控对象的实际输出 $y(k)$，而控制量是由控制器输出的，所以对控制器而言，当前输出以及输入、输出的历史值都是已知的。令：

$$\boldsymbol{p}(k)=[y(k),y(k-1),\cdots,y(k-n_y+1),u(k),u(k-1),\cdots,u(k-n_u+1)]^{\mathrm{T}} \tag{5-2}$$

记向量 $\boldsymbol{p}(k)$的维数为 $R\times1$，则有 $R=n_u+n_y$。如果构造一个 RBF 神经网络，使其输入为向量 $\boldsymbol{p}(k)$，输出为 $y(k+1)$，利用实验测量的输入输出时间序列值来训练该神经网络，则训练后的 RBF 神经网络能够以一定精度逼近未知的非线性映射关系 f。在 k 时刻，控制器只需测量被控对象的实际输出 $y(k)$，然后设定一个 $u(k)$，再将已知的历史值代入，RBF 神经网络就能计算下一个采样时刻（未来）的输出 $y(k+1)$，这样 RBF 神经网络就能实现一步预测功能。

5.2.1 一步预测模型

一步预测模型如图 5-1 所示，RBF 神经网络为三层前馈网络，即输入层、隐含层、输出层，网络只有一个包含 S_1 个神经元的隐含层，神经元激励函数取为径向基函数，径向基函数是一个取值主要根据偏离中心点距离的实值函数，离中心点距离越近，函数值越大，并随着离中心点距离的增大而迅速衰减。

径向基中的距离和构造函数的方式各有不同，本书取径向基函数的形式如下所示：

$$\Psi(x)=\exp(-\|x-c\|^2)$$

式中，$\|x-c\|$ 表示 x 点距离中心 c 点的欧氏距离。

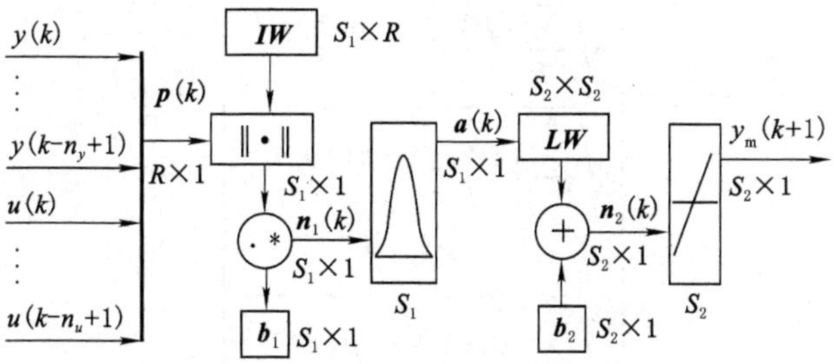

图 5-1　RBF 神经网络一步预测模型

图 5-1 中，输入向量 $\boldsymbol{p}(k)$ 的结构如式(5-2)所示，其他各参数的意义如下：

S_2——输出层神经元的个数，对单输出系统有 $S_2=1$；

$\boldsymbol{IW}$——输入层权值矩阵，维数 $S_1\times R$；

$\|\cdot\|$——表示取欧氏距离；

$\boldsymbol{LW}$——输出层权值矩阵，维数 $S_2\times S_1$；

$\boldsymbol{b}_1$——输入层偏置向量，维数 $S_1\times 1$；

$\boldsymbol{b}_2$——输出层偏置向量，维数 $S_2\times 1$；

$\boldsymbol{n}_1(k)$——隐含层输入向量，维数 $S_1\times 1$；

$\boldsymbol{a}(k)$——隐含层输出向量，维数 $S_1\times 1$；

$\boldsymbol{n}_2(k)$——隐含层加权输出向量，维数 $S_2\times 1$；

$y_{\mathrm{m}}(k+1)$——被控对象的预测输出，下标 m 用于区别实际的输出 $y(k+1)$。

由图 5-1 可知，对一步 RBF 预测模型有以下等式成立：

$$\boldsymbol{n}_1(k)=\|\boldsymbol{IW}-\boldsymbol{p}(k)\|.\times b_1 \tag{5-3}$$

$$\boldsymbol{a}(k)=\exp(-\boldsymbol{n}_1(k).^2) \tag{5-4}$$

$$y_{\mathrm{m}}(k+1)=\boldsymbol{LW}\times\boldsymbol{a}(k)+\boldsymbol{b}_2 \tag{5-5}$$

式(5-3)中，“$.\times$”表示向量的点乘，即向量中的对应元素相乘；式(5-4)中，“$.^2$”表示向量的点乘 2 次方，即向量中的每一个元素取 2 次方；$\|\boldsymbol{IW}-\boldsymbol{p}\|$ 表示矩阵 $\boldsymbol{IW}$ 到向量 $\boldsymbol{p}$ 的 S_1 维欧氏距离列向量，其表达式可以展开为：

$$\begin{bmatrix} \sqrt{\sum_{l=1}^{R}(\boldsymbol{IW}_{1,l}-\boldsymbol{p}(k)_l)^2} \\ \sqrt{\sum_{l=1}^{R}(\boldsymbol{IW}_{2,l}-\boldsymbol{p}(k)_l)^2} \\ \vdots \\ \sqrt{\sum_{l=1}^{R}(\boldsymbol{IW}_{S_1,l}-\boldsymbol{p}(k)_l)^2} \end{bmatrix} \tag{5-6}$$

根据式(4-3)、(4-4)、(4-5)可以推导出 RBF 神经网络一步预测模型的输出公式为：

$$y_{\mathrm{m}}(k+1)=\boldsymbol{LW}\times(\exp(-(\|\boldsymbol{IW}-\boldsymbol{p}(k)\|.\times\boldsymbol{b}_1).^2))+\boldsymbol{b}_2 \tag{5-7}$$

式(5-7)就是 RBF 神经网络的一步预测计算公式。在公式右边只有 R 维向量 $\boldsymbol{p}$ 中包含有一个变量"$u(k)$"，其他参数都是已知的，也就是说，RBF 神经网络在使用前，要离线学习或通过其他辨识方法确定相关未知参数，使得 RBF 神经网络能够充分逼近非线性映射关系 f。

5.2.2 多步预测模型

与 MLP 神经网络的多步预测模型建立方法类似，RBF 神经网络的多步预测模型建立方法也有两种。

一种是通过递归调用一步预测模型的方法来实现，以 k 时刻为例说明，由一步预测模型可以计算出下一时刻的预测输出 $y_{\mathrm{m}}(k+1)$，这时更新一步预测模型的输入向量 $\boldsymbol{p}(k)$ 为$[\,y_{\mathrm{m}}(k+1),y(k),y(k-1),\cdots,y(k-n_y+2),u(k+1),u(k),\cdots,u(k-n_u+2)]^{\mathrm{T}}$，舍弃掉原来向量中的 $y(k-n_y+1)$、$u(k-n_u+1)$，这样 $\boldsymbol{p}(k)$中仍旧只有一个未知变量 $u(k+1)$，只需设定 $u(k+1)$并再次调用一步预测模型，就可以计算出 $y_{\mathrm{m}}(k+2)$，如此不断更新输入向量，递归调用一步预测模型，理论上便可以预测未来任何时刻的输出，即给定未来控制量序列 $u(k)$，$u(k+1)\cdots$递归调用一步预测模型就可以得到未来的输出序列 $y(k+1)$，$y(k+2)\cdots\cdots$

另一种方法是通过多个 RBF 神经网络的级联来实现，一个 d 步预测模型的 RBF 神经网络级联如图 5-2 所示，通过这种级联方式，在任意采样时刻 k，控制器只需测量被控对象实际输出 $y(k)$，然后设定 d 个控制量序列 $u(k)$，$u(k+1)$，$\cdots$，$u(k+d-1)$，再将已知的相对当前 k 时刻的历史值代入，RBF 神经网络

d 步预测模型就能自动计算未来采样时刻被控对象的输出预测序列 $y_m(k+1)$，$y_m(k+2)$，…，$y_m(k+d)$，从而实现多步（d 步）预测功能。

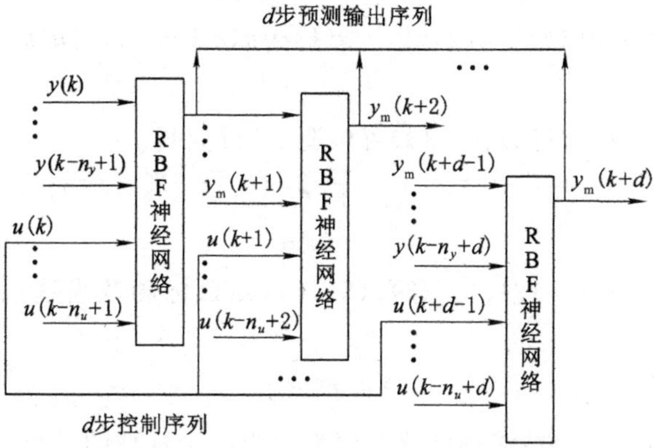

图 5-2　RBF 神经网络多步预测模型

5.3　L-M 滚动优化

5.3.1　目标函数

对于 d 步预测控制，令：

$$\boldsymbol{u}=[u(k)u(k+1)\cdots u(k+d-1)]^{\mathrm{T}} \tag{5-8}$$

$$\boldsymbol{y}_{\mathrm{m}}=[y_{\mathrm{m}}(k+1)y_{\mathrm{m}}(k+2)\cdots y_{\mathrm{m}}(k+d)]^{\mathrm{T}} \tag{5-9}$$

$$\boldsymbol{y}_{\mathrm{r}}=[y_{\mathrm{r}}(k+1)y_{\mathrm{r}}(k+2)\cdots y_{\mathrm{r}}(k+d)]^{\mathrm{T}} \tag{5-10}$$

式中，控制量 $\boldsymbol{u}$、预测输出 $\boldsymbol{y}_{\mathrm{m}}$、参考输出 $\boldsymbol{y}_{\mathrm{r}}$ 都是 d 维向量，滚动优化的目的就是找到一个控制向量 $\boldsymbol{u}$，使得 $\boldsymbol{y}_{\mathrm{m}}$ 充分接近 $\boldsymbol{y}_{\mathrm{r}}$，即控制系统的输出与参考输出充分接近，如果还要兼顾控制增量的变化，则可以构造目标函数如下：

$$J=\sum_{i=1}^{d}(y_{\mathrm{m}}(k+i)-y_{\mathrm{r}}(k+i))^2+\lambda^2\sum_{i=0}^{d-1}(u(k+i)-u(k+i-1))^2 \tag{5-11}$$

其中，λ 为权重因子。

根据式(5-9)、(5-10)可以定义预测输出与参考输出的 d 维偏差向量 $\boldsymbol{e}$：

$$\boldsymbol{e}=\boldsymbol{y}_{\mathrm{m}}-\boldsymbol{y}_{\mathrm{r}}=[e(k+1)\quad e(k+2)\cdots e(k+d)]^{\mathrm{T}}$$

$$=[y_{\mathrm{m}}(k+1)-y_{\mathrm{r}}(k+1) \quad y_{\mathrm{m}}(k+2)-y_{\mathrm{r}}(k+2)\cdots y_{\mathrm{m}}(k+d)-y_{\mathrm{r}}(k+d)]^{\mathrm{T}} \tag{5-12}$$

式(5-11)中的控制增量可以定义为 d 维向量 $\Delta\boldsymbol{u}$：

$$\Delta\boldsymbol{u}=[u(k)-u(k-1)\,u(k+1)-u(k)\cdots u(k+d-1)-u(k+d-2)]^{\mathrm{T}} \tag{5-13}$$

根据式(5-11)、(5-12)、(5-13)可构造 $2d$ 维向量 $\boldsymbol{f}$：

$$\boldsymbol{f}=\begin{bmatrix}\boldsymbol{e}\\ \lambda\Delta\boldsymbol{u}\end{bmatrix} \tag{5-14}$$

根据式(5-11)、(5-12)、(5-13)、(5-14)，则目标函数表达式(5-11)也可以表示为：

$$J=\boldsymbol{f}^{\mathrm{T}}\times\boldsymbol{f} \tag{5-15}$$

显然，$\boldsymbol{f}$ 是 $\boldsymbol{u}$ 的函数，滚动优化可以表示为一个标准的最小二乘优化问题：

$$\min J(\boldsymbol{u})=\|\,f(\boldsymbol{u})\,\|^2 \tag{5-16}$$

式(5-16)中，$\boldsymbol{u}\in\mathbf{R}^d$；$\|\cdot\|^2$ 表示函数的 2 范数。

5.3.2 L-M 算法

对于由式(5-16)表示的标准最小二乘优化问题，可以按照 L-M 经典的迭代公式进行优化，其迭代公式为：

$$\boldsymbol{u}^{j+1}=\boldsymbol{u}^j-(\mathbf{A}_j^{\mathrm{T}}\times\mathbf{A}_j+\alpha_j\boldsymbol{I})^{-1}\times\mathbf{A}_j^{\mathrm{T}}\times\boldsymbol{f}^j \tag{5-17}$$

式(5-17)中：$\boldsymbol{u}^{j+1}$、$\boldsymbol{u}^j$ 分别表示第 $j+1$、j 次迭代的控制向量，维数是 $d\times1$；α_j 是一个正的常数；$\boldsymbol{I}$ 是单位矩阵，维数是 $d\times d$；$\boldsymbol{f}^j$ 是 $\boldsymbol{u}^j$ 的函数值，维数是 $2d\times1$；$\mathbf{A}_j$ 是一个维数是 $2d\times d$ 的雅可比矩阵，其形式可以表示为：

$$\mathbf{A}_j=\frac{\partial\boldsymbol{f}^j}{\partial\boldsymbol{u}}=\begin{bmatrix}\dfrac{\partial\boldsymbol{e}^j}{\partial\boldsymbol{u}}\\[2ex] \dfrac{\partial\lambda\Delta\boldsymbol{u}^j}{\partial\boldsymbol{u}}\end{bmatrix} \tag{5-18}$$

根据式(5-18)可知，$\mathbf{A}_j$ 由两部分组成，一部分是偏差向量 $\boldsymbol{e}$ 对控制向量 $\boldsymbol{u}$ 的雅可比矩阵，另一部分是控制增量 $\Delta\boldsymbol{u}$ 乘以权重因子 λ 后，对控制向量 $\boldsymbol{u}$ 的雅可比矩阵，下面分别根据式(5-8)、(5-9)、(5-10)、(5-12)、(5-13)来求其具体表达式。

$$\frac{\partial \boldsymbol{e}^j}{\partial \boldsymbol{u}}=\begin{bmatrix} \dfrac{\partial e(k+1)^j}{\partial u(k)} & 0 & \cdots & 0 \\ \dfrac{\partial e(k+2)^j}{\partial u(k)} & \dfrac{\partial e(k+2)^j}{\partial u(k+1)} & \cdots & 0 \\ \vdots & \vdots & \ddots & \vdots \\ \dfrac{\partial e(k+d)^j}{\partial u(k)} & \dfrac{\partial e(k+d)^j}{\partial u(k+1)} & \cdots & \dfrac{\partial e(k+d)^j}{\partial u(k+d-1)} \end{bmatrix} \tag{5-19}$$

上式推导过程中需要注意的是，参考输出 $\boldsymbol{y}_{\mathrm{r}}$ 在任意采样时刻应该是常数，而且控制量与输出的历史值与当前值是与未来的控制作用无关的，因此其偏导数为 0。

根据式(5-19)可知，偏差向量 $\boldsymbol{e}$ 对控制向量 $\boldsymbol{u}$ 的雅可比矩阵是一个下三角矩阵。进一步，根据式(5-2)、(5-7)可以推导出式(5-19)中第一行第一列为：

$$\frac{\partial e(k+1)^j}{\partial u(k)}=\frac{\partial y_m(k+1)^j}{\partial u(k)}=2\boldsymbol{LW}\times(\boldsymbol{a}^j(k+1).\times \boldsymbol{b}_1.^2.\times(\boldsymbol{IW}_{:,n_y+1}-u(k))) \tag{5-20}$$

式(5-20)中，$\boldsymbol{a}^j(k+1)$是在第 $k+1$ 时刻，神经网络隐含层的径向基神经元的第 j 次输出值；$IW_{:,ny+1}-u(k)$表示向量：

$$\begin{bmatrix} \boldsymbol{IW}_{1,n_u+1}-u(k) \\ \boldsymbol{IW}_{2,n_u+1}-u(k) \\ \vdots \\ \boldsymbol{IW}_{S_1,n_u+1}-u(k) \end{bmatrix}$$

式(5-19)中，每一行都与前面的行有依赖关系，即先计算出前面各行以后才能计算后一行，在计算出第一行后，先给出一个通用的公式，为表示方便，定义函数：

$$h(x)=\begin{cases} 0 & x\leqslant 0 \\ 1 & x>0 \end{cases} \tag{5-21}$$

现假设第 s 行及其前面各行都已经求出，s 满足：$1\leqslant s\leqslant d-1$，下面来推导第 $s+1$ 行、第 q 列不为 0 的部分，q 满足：$1\leqslant q\leqslant s+1$。

式(5-19)右边矩阵的第 s 行、第 q 列元素为：

$$\frac{\partial e(k+s+1)^j}{\partial u(k+q-1)}$$

根据 RBF 神经网络预测模型可得：

$$y_{\mathrm{m}}(k+s+1)=\boldsymbol{LW}\times(\exp(-(\|\boldsymbol{IW}-\boldsymbol{p}(k+s)\|.\times \boldsymbol{b}_1).^2))+\boldsymbol{b}_2 \tag{5-22}$$

其中，向量 $\boldsymbol{p}(k+s)$ 的结构形式为：

$$\boldsymbol{p}(k+s)=\begin{bmatrix} y(k+s) \\ \vdots \\ y(k-n_y+1+s) \\ u(k+s) \\ \vdots \\ u(k-n_u+1+s) \end{bmatrix} \tag{5-23}$$

根据式(5-12)、(5-22)、(5-23)可得：

$$\begin{aligned}\frac{\partial e(k+s+1)^j}{\partial u(k+q-1)}&=\frac{\partial y_{\mathrm{m}}(k+s+1)^j}{\partial u(k+q-1)}\\&=2\boldsymbol{LW}\times(\boldsymbol{a}^j(k+s+1)^j.\times\boldsymbol{b}_1.^2.\times((\boldsymbol{IW}_{:,n_y+1+s-q}-u(k+q-1)\\&\quad h(n_u-s+q)+\sum_{l=q}^{S}h(n_y-s+l)(\boldsymbol{IW}_{:,l}-y_{\mathrm{m}}(k+l))\left(\frac{\partial y_{\mathrm{m}}(k+l)^j}{\partial u(k+l-1)}\right)\right)\end{aligned} \tag{5-24}$$

第一行已经求出，假设要求第二行不为 0 的部分，则按照公式(5-24)，求第二行第一列，只需令：$s=1$、$q=1$ 代入公式(5-24)即可求出，如果令：$s=1$、$q=2$ 代入公式(5-24)则可求出第二行第二列，依次类推。当 q 遍历从 1 到 $s+1$ 的每一个值时，由公式(5-24)可以求得矩阵的第 $s+1$ 行的每一列值，当 s 遍历 1 到 $d-1$ 的每一个值时，由公式(5-24)就可以求出整个矩阵中全部不为 0 的部分，至此，偏差向量 $\boldsymbol{e}$ 对控制向量 $\boldsymbol{u}$ 的雅可比矩阵已全部求出。

下面再来求另一部分，控制增量 $\Delta\boldsymbol{u}$ 乘以权重因子 λ 后对控制向量 $\boldsymbol{u}$ 的雅可比矩阵，根据公式(5-13)、(5-18)直接可以求得：

$$\frac{\partial\lambda\Delta\boldsymbol{u}^j}{\partial\boldsymbol{u}}=\lambda\begin{bmatrix} 1 & -1 & 0 & \cdots & 0 \\ 0 & 1 & -1 & \cdots & 0 \\ 0 & 0 & 1 & \cdots & 0 \\ \vdots & \vdots & \vdots & \ddots & \vdots \\ 0 & 0 & 0 & \cdots & 1 \end{bmatrix} \tag{5-25}$$

至此矩阵 $\boldsymbol{A}_j$ 已经完全求出，L-M 的迭代公式(5-17)的右边只剩下一个初始值 $\boldsymbol{u}^0$ 未知，只需设定这个初始值，迭代算法就可以进行，假设初始值已知为 $\boldsymbol{u}^0$，将 $\boldsymbol{u}^0$ 代入上面推导的公式就可以计算出雅可比矩阵 $\boldsymbol{A}_0$，利用 RBF 神经网络预测模型可以得到 $\boldsymbol{u}^0$ 对应的输出偏差向量 $\boldsymbol{e}$，再根据式(5-13)可以计算 $\boldsymbol{u}^0$ 对应的控制增量 $\lambda\Delta\boldsymbol{u}$，由式(5-14)则可以计算出 $\boldsymbol{u}^0$ 的函数值 $\boldsymbol{f}^0$，然后根据式

(5-17)即可算出 $\boldsymbol{u}^1$，再次将 $\boldsymbol{u}^1$ 代入上面推导的公式就可以计算出雅可比矩阵 $\boldsymbol{A}_0$，$\boldsymbol{u}^1$ 的函数值 $\boldsymbol{f}^1$，然后根据式(5-13)即可算出 $\boldsymbol{u}^2$，如此不断迭代，就可以得到一个迭代序列：$\boldsymbol{u}^0$，$\boldsymbol{u}^1$，$\boldsymbol{u}^2$……这个序列将收敛到目标函数(5-11)的极值点。

迭代过程需要设置终止条件，否则，算法会无休止地执行下去而陷入死循环，终止条件的设定应考虑控制量的精度要求，过分迭代虽然能更加逼近极值点，但也会消耗大量的时间，所以，可将终止条件设定为：前后两次迭代所得控制量的增量小于某一个小的正常数时，终止迭代过程，例如，$[u^{j+1}-u^j]^{\mathrm{T}}[u^{j+1}-u^j]<\varepsilon$，其中，$\varepsilon$ 为小的正常数。另外，为了保证算法的实时性，也可以在迭代时设置最大迭代次数 D_{m}，当达到该值时，算法即终止。

设第 j 次迭代终止，则最优(实质上是次优)控制量可以取为：$u^*=u^j$，也可以取为：$u^*=(u^j+u^{j-1})/2$。

根据 5-1 所述的 L-M 算法步骤及以上推导的公式可以设计完整的 L-M 滚动优化方法。尽管 L-M 具有全局收敛性，但是对初始点的设定问题依然是敏感的，与 N-R 算法一样，也要求初始点要在全局最小点附近，否则可能会收敛到一个其他的极小点，因此，按照第 4 章的方法做进一步改进。

5.4　L-M 滚动优化改进

由于逆神经网络计算模型只是用来确定初始点，L-M 滚动优化的过程主要是根据 RBF 神经网络的预测模型进行，或者说逆神经网络计算模型只影响优化的初始迭代点，而与迭代过程无关，所以不仅可以选取 RBF 神经网络做逆神经网络计算模型，也可以选取其他网络，网络的选取以精度高、实时性好为准。

权重因子 λ 的校正方法已经在第 4 章详细说明，此处从略。

改进后的控制器结构及算法参看图 4-7、4-8。

下面主要说明改进后的 L-M 滚动优化方法的设计过程：如流程图 5-3 所示，首先完成相关参数的初始化，这些参数包括：常数 α_j、放大因子 β、终止常数 ε、最大迭代次数 D_{m}。滚动优化器根据参考输出 y_{r} 调用逆神经网络计算模型得到初始迭代点 u_e，并将该点作为 L-M 滚动优化的初始点；再按照 3.4 节所述的方法校正权重因子。其次设计 L-M 迭代算法，先设置迭代次数 $j=1$，求初始点对应的目标函数值 J^j 以及终止条件 $\|\boldsymbol{A}_j^{\mathrm{T}}\times\boldsymbol{f}(\boldsymbol{x}^j)\|$，如果终止条件满足 $\|\boldsymbol{A}_j^{T}\times\boldsymbol{f}(\boldsymbol{x}^j)\|<\varepsilon$，则进入终止部分，否则，修正 $\alpha_j=\alpha_j/\beta$，按迭代公式(4-17)计算 u^{j+1}，根据得到的 u^{j+1} 计算目标函数值 J^{j+1}；比较迭代后两次的目标函数，如果

$J^{j+1} \geqslant J^j$，说明迭代的步长过大，这时先判断终止条件是否达到，如果达到则进入最后的终止部分，否则，修改 $\alpha_j = \alpha_j \beta$，继续迭代过程，重新按修改后的 α_j 计算 u^{j+1}，并再次计算目标函数判断，直到 $J^{j+1} < J^j$，或达到最大迭代次数 D_m；如果 $J^{j+1} < J^j$，则先判断是否达到终止条件，如果达到则进入最后的终止部分，否则，加大搜索步长，修改 $\alpha_j = \alpha_j / \beta$，继续搜索；最后的终止部分为：停止计算，将当前的 u^j 作为最优控制量 u^*，本次滚动优化结束。

5.5 控制系统仿真

为检验改进后的 RBF 神经网络预测控制器的效果，本节针对两个实例，分别比较改进前与改进后的控制结果，以及改进后的控制系统与其他控制系统的比较，由于在非线性系统的控制中，工程中应用较多的是 PID 控制以及滑模变结构控制，因此仿真部分采用与这两种控制进行比较。

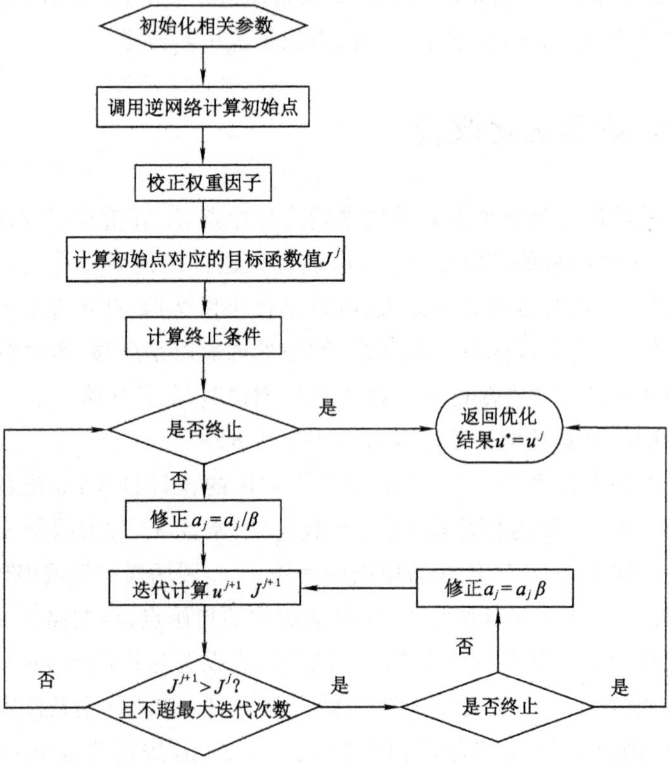

图 5-3　改进后 L-M 滚动优化流程图

考虑离散非线性系统：

$$y(k+1)=u(k)^3+\frac{y(k)}{1+y(k)^2}+0.2\sin(0.4y(k)) \tag{5-26}$$

由式(4-26)的表达式可知，系统的延迟环节具有阶数：$n_u=1$、$n_y=1$；故此处可以略去 n_u、n_y 的参数辨识过程，直接进行 RBF 神经网络的建模。

5.5.1　RBF 神经网络建模

首先确定 RBF 神经网络的输入输出：由图 5-1 可知，网络的输入维数 $R=n_u+n_y=2$，输入向量的结构形式为：$[y(k),u(k)]^T$；网络输出为 $y_m(k+1)$，所以一步预测需要构造一个如图 5-1 所示，两输入一输出的 RBF 神经网络。

根据式(5-26)，按照前述的方法在[−1,1]区间随机产生 1 000 个控制量时间序列 $u(1),u(2),\cdots,u(1000)$，设定初始输出 $y(1)$，根据式(4-26)计算相应的实际系统输出：$y(2),y(3),\cdots,y(1001)$，生成网络的输入样本$[y(k),u(k)]^T$ 及对应的输出样本 $y(k+1)$。

利用 MATLAB 神经网络工具箱中的函数“newrb”，根据上面的训练样本来建立和训练 RBF 神经网络，该函数能够根据输入的训练样本，自动选择网络的神经元个数，并训练网络达到给定的精度，设定训练精度为 0.00005，则“newrb”函数可以建立一个包括 26 个神经元的 RBF 神经网络。

编写程序如下

```
%RBF 神经网络训练程序
%仿真实例 y(k+1)=u(k)^3+y(k)/(1+y(k)^2)+0.2*sin(0.4*y(k));
u1=rand(1,1000);                        %样本数据生成
u=u1*2-1;
y=zeros(1,1001);
for k=1:1000;
    y(k+1)=u(k)^3+y(k)/(1+y(k)^2);
end
yk=y(1:1000);
yk1=y(2:1001);
P=[u;yk];
T=yk1;
P1=[yk1;yk];
net=newrb(P,T,0.0001);                 %RBF 神经网络生成、训练
```

```
n1=26;
net1=newff(minmax(P1),[n1,1],{'logsig''purelin'},'trainlm');
net1.trainParam.epochs=1300;           %网络训练时间设置为 1300
net1.trainParam.goal=0.00005;          %网络训练精度设置为 0.00005
net1=train(net1,P1,u);                 %开始训练网络
                                       %训练结果测试
u2=rand(1,50);                         %样本数据生成
uc=u2*2-1;
yc=zeros(1,51);
y_rbf=zeros(1,50);
for k=1:50;
    yc(k+1)=uc(k)^3+yc(k)/(1+yc(k)^2)+0.2*sin(0.4*y(k));
    Pc=[uc(k);yc(k)];
    y_rbf(k)=sim(net,Pc);
end
y_e=yc(2:51);
plot(y_e,'b');
hold on;
plot(y_rbf,'r');
```

通过随机方法产生 50 个测试数据,对预测结果进行测试,如图 5-4 所示。

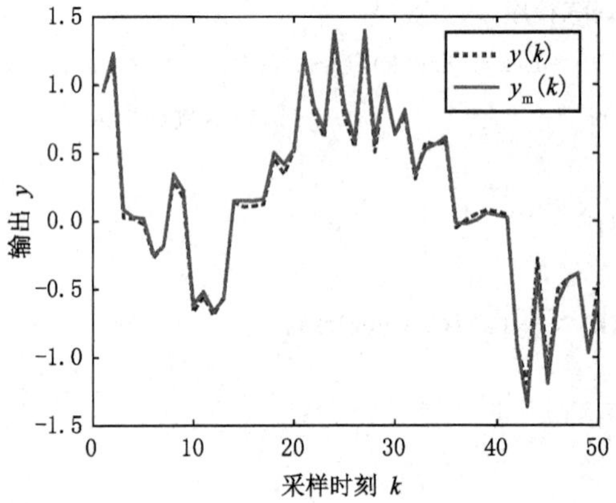

图 5-4　预测结果比较

根据图 5-4 可知,RBF 预测模型的精度较高,能够对非线性系统的动态行

为做出可靠的预测。

5.5.2　改进前控制系统仿真

在预测模型建立后，可以设计 L-M 算法对控制系统进行仿真实验，设预测控制的步数为三步，分别进行正弦几多点阶跃信号的跟踪仿真，相关参数设置如下：$\alpha_1=0.01$、放大因子 $\beta=10$、终止常数 $\varepsilon=0.0002$、最大迭代次数 $D_m=100$、反馈校正参数 $\delta=0.3$，通过设置固定初始点，以及将上一时刻控制量为初始点。

编写的 L-M 算法程序如下：

```
% 改进前的三步预测控制 L-M 算法程序
function unew=LM_alg(u0,uk_1,yk,ye)
% u0 是算法初始值,uk_1 为上一时刻控制量,ye 是输出期望值
global IW LW b1 b2 lamda                        %声明全局变量
Alfa1=0.01;                                     % α1=0.01
beta=10;                                        % β=10
I=eye(3);
epsilon=0.0002;                                 % ε=0.0002
j=1; i=1;Dm=100;
ukj=u0;                                         %优化初始点
Rk1=exp(-b1.^2.*((IW(:,1)-ukj(1)).^2+(IW(:,2)-yk).^2));
%计算 k+1 时刻径向基 R 输出
yk1=LW*Rk1+b2;          %计算 k+1 时刻网络输出
Rk2=exp(-b1.^2.*((IW(:,1)-ukj(2)).^2+(IW(:,2)-yk1).^2));
%计算 k+2 时刻径向基 R 输出
yk2=LW*Rk2+b2;                      %计算 k+2 时刻网络输出
Rk3=exp(-b1.^2.*((IW(:,1)-ukj(3)).^2+(IW(:,2)-yk2).^2));
%计算 k+3 时刻径向基 R 输出
yk3=LW*Rk3+b2;                      %计算 k+3 时刻网络输出
duk=[ukj(1)-uk_1;ukj(2)-ukj(1);ukj(3)-ukj(2)];
Jkj=(yk1-ye(1))^2+(yk2-ye(2))^2+(yk3-ye(3))^2+lamda^2*(duk'*duk);
%计算性能指标
Alfaj=Alfa1;
B=[lamda-lamda 0;0 lamda-lamda;0 0 lamda];
Ak=[1 0 0;1 1 0;1 1 1];                             %构造 Ak
Ak(1,1)=LW*(2*Rk1.*b1.^2.*(IW(:,1)-ukj(1)));%计算 Ak
```

```
Ak(2,1)=LW*(2*Rk2.*b1.^2.*(IW(:,2)-yk1)*Ak(1,1));
Ak(2,2)=LW*(2*Rk2.*b1.^2.*(IW(:,1)-ukj(2)));
Ak(3,1)=LW*(2*Rk3.*b1.^2.*(IW(:,2)-yk2)*Ak(2,1));
Ak(3,2)=LW*(2*Rk3.*b1.^2.*(IW(:,2)-yk2)*Ak(2,2));
Ak(3,3)=LW*(2*Rk3.*b1.^2.*(IW(:,1)-ukj(3)));
Ak=[Ak;B];
fkj=[yk1-ye(1);yk2-ye(2);yk3-ye(3);lamda*duk];
while(((Ak'*fkj)'*(Ak'*fkj)>epsilon)&&(j<Dm))
    Alfaj=Alfaj/beta;
    fkj=[yk1-ye(1);yk2-ye(2);yk3-ye(3);lamda*duk];
%计算 fk
    Ak(1,1)=LW*(2*Rk1.*b1.^2.*(IW(:,1)-ukj(1)));
%计算 Ak
    Ak(2,1)=LW*(2*Rk2.*b1.^2.*(IW(:,2)-yk1)*Ak(1,1));
    Ak(2,2)=LW*(2*Rk2.*b1.^2.*(IW(:,1)-ukj(2)));
    Ak(3,1)=LW*(2*Rk3.*b1.^2.*(IW(:,2)-yk2)*Ak(2,1));
    Ak(3,2)=LW*(2*Rk3.*b1.^2.*(IW(:,2)-yk2)*Ak(2,2));
    Ak(3,3)=LW*(2*Rk3.*b1.^2.*(IW(:,1)-ukj(3)));
    while(((Ak'*fkj)'*(Ak'*fkj)>epsilon)&&(i<Dm))
        ukj1=ukj-(Ak'*Ak+Alfaj*I)^(-1)*Ak'*fkj;
% 计算 k+1 时刻径向基 R 输出
        Rk1=exp(-b1.^2.*((IW(:,1)-ukj1(1)).^2+(IW(:,2)-yk).^2));
        yk1=LW*Rk1+b2;            %计算 k+1 时刻网络输出
%计算 k+2 时刻径向基 R 输出
Rk2=exp(-b1.^2.*((IW(:,1)-ukj1(2)).^2+(IW(:,2)-yk1).^2));
    yk2=LW*Rk2+b2;            %计算 k+2 时刻网络输出
%计算 k+3 时刻径向基 R 输出
Rk3=exp(-b1.^2.*((IW(:,1)-ukj1(3)).^2+(IW(:,2)-yk2).^2));
    yk3=LW*Rk3+b2;            %计算 k+3 时刻网络输出
        duk=[ukj1(1)-uk_1;ukj1(2)-ukj1(1);ukj1(3)-ukj1(2)];
%计算性能指标
Jkj1=(yk1-ye(1))^2+(yk2-ye(2))^2+(yk3-ye(3))^2+lamda^2*(duk'*duk);
  if(Jkj1<Jkj)
            break;
        else
```

```
            Alfaj=Alfaj * beta;
            i=i+1;
        end
    end
    j=j+1;
    i=1;
    ukj=ukj1;
    duk=[ukj(1)-uk_1;ukj(2)-ukj(1);ukj(3)-ukj(2)];
    Jkj=Jkj1;
end
unew=ukj;
return;
```

编写的仿真程序如下

```
global IW LW b1 b2 lamda net            % 将 bp 网络参数、权重系数声明为全局变量
IW=net.IW{1,1};
LW=net.LW{2,1};
b1=net.b{1,1};
b2=net.b{2,1};
lamda=0.0005;                           %目标函数权重系数
%参考输入为正弦信号
t=1:0.5:20;
ye=0.8 * sin(t);
% st=5;                                 %参考输入为多工作点阶跃信号
% ye=[ones(1,st) * 0.6 ones(1,st) * 0.2 ones(1,st) * -0.5 ones(1,st) * 0.2 ones
(1,st) * 0.7 ones(1,st) * 0.4 ones(1,st) * 0.1];
n=length(ye);
yk=zeros(1,n);
yko1=zeros(1,n);
uold=zeros(1,n);
u0=[0.9;0.9;0.9];
delte=0;
```

```
for i=1:(n-2)
unew=LM_alg(u0,uold(i),yk(i),[ye(i)+delte;ye(i+1)+delte;ye(i+2)+delte]);
    yko1(i)=unew(1)^3+yk(i)/(1+yk(i)^2)+0.2*sin(0.4*y(k));
    yk(i+1)=yko1(i);
    ym=sim(net,[unew(1);yk(i)]);
    delte=(yko1(i)-ym)*0.3;                  %预测误差反馈校正
    u0=unew;
    uold(i+1)=unew(1);
end
t=0:(n-3);
plot(t,ye(1:n-2),'b',t,yko1(1:n-2),'r');
```

分别仿真实验结果如图(5-5)所示。图 5-5 中，a、b、c、d 是正弦信号响应，e、f 是多点阶跃信号的响应，a 是将初始值设在了上一时刻的控制量点，结果算法陷入使输出不变的一个局部极小点附近，造成系统不能跟踪信号，而 b、c、f 是由于算法落入了远离全局最小点的局部极小点，造成输出误差极大，主要是因为输出是控制量的三次方函数，因此造成输出误差极大，其中 b、c 回到了参考输出，而 f 则没有回来。所以有必要对 L-M 滚动优化算法按第 4 章所讲进一步改进。

5.5.3　逆神经网络构建

逆神经网络计算模型可以采用 RBF 神经网络，也可以采用 MLP 神经网络及其他神经网络构建，由于采用 RBF 神经网络会造成神经元过多，对于由式(5-26)表示的非线性系统，逆 RBF 神经网络的神经元在精度为 0.003 时能达到 100 多个，因此，仿真仍然采用 MLP 神经网络做逆网络，其结构如图 4-4、4-5所示，隐含层的激励函数取为 sigmoid 函数，输出函数取线性函数(purelin)，训练数据使用与上面训练预测模型相同的数据，将$[y(k+1),y(k)]^T$ 做输入数据序列，$u(k)$做输出时间序列，$k=1,2,\cdots,1\ 000$，则可以得到 1 000 个训练样本。利用“train”函数来训练 MLP 网络，隐含层神经元的个数设置为 60，训练精度设为 0.003，训练步数设为 1 300，步数可以适当调整，以达到精度为准。

然后随机产生 50 个测试数据对训练后的逆神经网络做仿真测试，方法参照前面所述，得到结果如图 5-6 所示，由图可知，MLP 逆神经网络基本能够

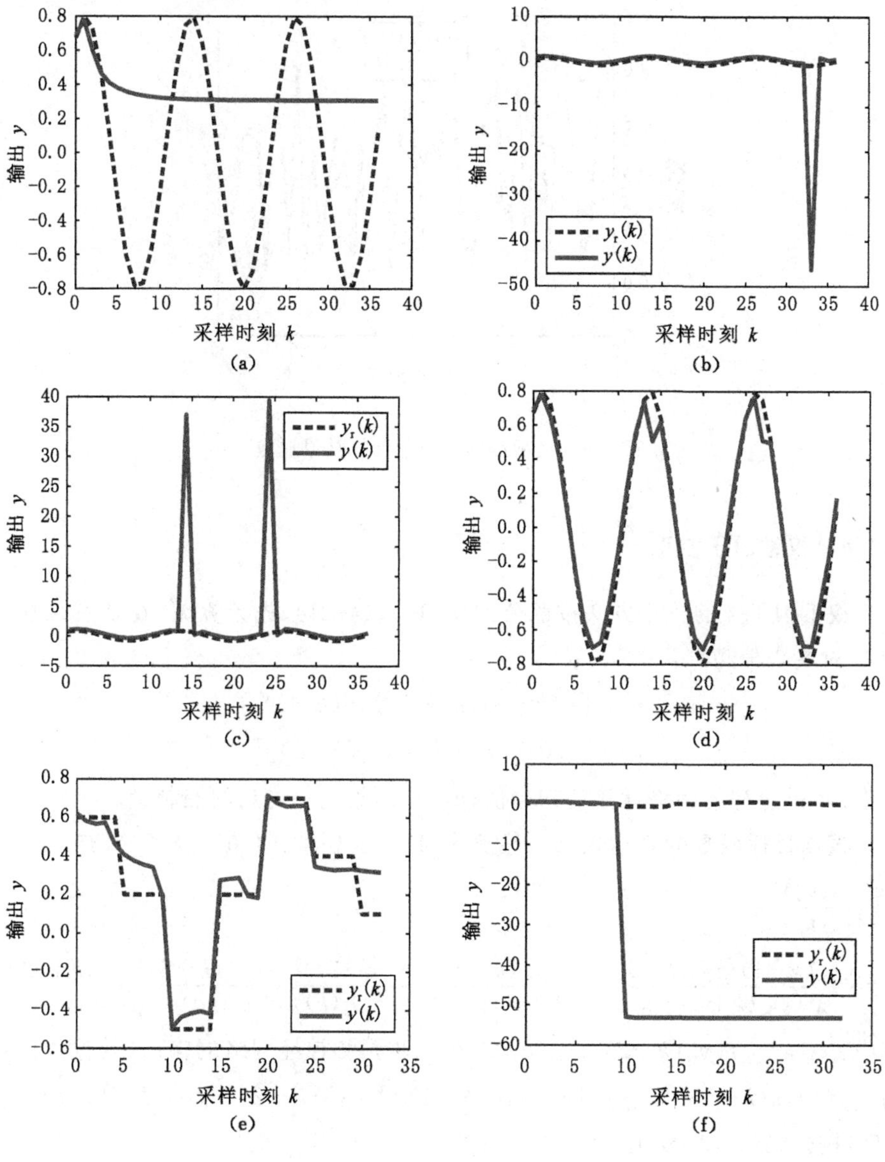

图 5-5　未改进的 L-M 滚动优化结果

充分逼近训练数据，可以作为滚动优化算法中初始点的计算模型。

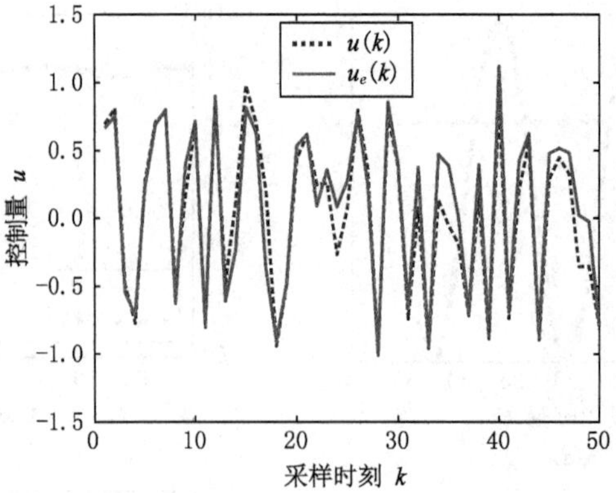

图 5-6　逆神经网络模型计算结果比较

5.5.4　权重因子校正

权重因子 λ 的校正方法按照公式(4-18)、(4-21)，先计算 λ'，在任意采样时刻 k，对三步预测有：

$$\begin{cases} u_u = [u(k-1), u(k-1), u(k-1)]^{\mathrm{T}} \\ u_e = [u_e(k), u_e(k+1), u_e(k+2)]^{\mathrm{T}} \end{cases}$$

式中：u_e 是逆神经网络计算的初始值；$u(k-1)$ 是上一时刻的控制量。

根据目标函数的表达式(5-11)及式(4-4)、(4-5)、(4-6)、(4-20)，有：

$$\lambda' = \frac{J_e(\boldsymbol{u}_u)}{J_u(\boldsymbol{u}_e)}$$
$$= \frac{(y_{\mathrm{m}}(k+1) - y_{\mathrm{r}}(k+1))^2 + (y_{\mathrm{m}}(k+2) - y_{\mathrm{r}}(k+2))^2 + (y_{\mathrm{m}}(k+3) - y_{\mathrm{r}}(k+3))^2}{\lambda^2((u_e(k+2) - u_e(k+1))^2 + (u_e(k+1) - u_e(k))^2 + (u_e(k) - u(k-1))^2)}$$

其中：$y_{\mathrm{m}}(k+1)$、$y_{\mathrm{m}}(k+2)$ 、$y_{\mathrm{m}}(k+2)$为三步预测神经网络的输出，其输入向量为：$[y(k), u(k-1)]^{\mathrm{T}}$，$[y_{\mathrm{m}}(k+1), u(k-1)]^{\mathrm{T}}$，$[y_{\mathrm{m}}(k+2), u(k-1)]^{\mathrm{T}}$。计算出 λ'后，按公式(4-21)校正 λ 即可。

5.5.5　改进后控制系统仿真

改进滚动优化方法，按照 5.4 节所述改进方法重新编程进行仿真，仍对由式(5-26)表示的非线性系统进行三步预测控制，除按 5.5.3 节增加逆神经网络计算模型，及按 5.5.4 节校正权重因子外，保持其他参数的设置与未改动前完全一致。

改进后的 L-M 算法程序如下：

```
% 改进的三步预测控制 L-M 算法程序
function unew=Imp_LM_alg(uk_1,yk,ye)
% u0 是算法初始值,uk_1 为上一时刻控制量,ye 是输出期望值
global IW LW b1 b2 lamda net net1
Alfa1=0.01;
beta=10;
I=eye(3);
epsilon=0.0002;
j=1; i=1;Dm=100;
lamdaM=lamda;
uk0=[0;0;0];
uk0(1)=sim(net1,[ye(1);yk]);          %初值逆网络设定
uk0(2)=sim(net1,[ye(2);ye(1)]);
uk0(3)=sim(net1,[ye(3);ye(2)]);
yuu1=sim(net,[uk_1;yk]);          %修正 lamda
yuu2=sim(net,[uk_1;yuu1]);
yuu3=sim(net,[uk_1;yuu2]);
Jeuu=(yuu1-ye(1))^2+(yuu2-ye(2))^2+(yuu3-ye(3))^2;
Juur=(uk0(3)-uk0(2))^2+(uk0(2)-uk0(1))^2+(uk0(1)-uk_1)^2;
lamda1=sqrt(Jeuu/Juur);
if(lamdaM>lamda1)
    lamdaM=lamda1;
end
ukj=uk0;      %优化初始点
Rk1=exp(-b1.^2.*((IW(:,1)-ukj(1)).^2+(IW(:,2)-yk).^2));      %计算 k+1
时刻径向基 R 输出
yk1=LW*Rk1+b2;                 %计算 k+1 时刻网络输出
%ykn1=sim(net,[ukj(1);yk]);
Rk2=exp(-b1.^2.*((IW(:,1)-ukj(2)).^2+(IW(:,2)-yk1).^2));      %计算 k+2
时刻径向基 R 输出
yk2=LW*Rk2+b2;                 %计算 k+2 时刻网络输出
Rk3=exp(-b1.^2.*((IW(:,1)-ukj(3)).^2+(IW(:,2)-yk2).^2));      %计算 k+3
时刻径向基 R 输出
```

```
    yk3=LW * Rk3+b2;                %计算 k+3 时刻网络输出
    duk=[ukj(1)-uk_1;ukj(2)-ukj(1);ukj(3)-ukj(2)];
    Jkj=(yk1-ye(1))^2+(yk2-ye(2))^2+(yk3-ye(3))^2+lamdaM^2 * (duk' * duk);
%计算性能指标
    Alfaj=Alfa1;
    B=[lamdaM-lamdaM 0;0 lamdaM-lamdaM;0 0 lamdaM];
    Ak=[1 0 0;1 10;1 1 1];                    %构造 Ak
    Ak(1,1)=LW * (2 * Rk1. * b1.^2. * (IW(:,1)-ukj(1)));                    %
计算 Ak
    Ak(2,1)=LW * (2 * Rk2. * b1.^2. * (IW(:,2)-yk1) * Ak(1,1));
    Ak(2,2)=LW * (2 * Rk2. * b1.^2. * (IW(:,1)-ukj(2)));
    Ak(3,1)=LW * (2 * Rk3. * b1.^2. * (IW(:,2)-yk2) * Ak(2,1));
    Ak(3,2)=LW * (2 * Rk3. * b1.^2. * (IW(:,2)-yk2) * Ak(2,2));
    Ak(3,3)=LW * (2 * Rk3. * b1.^2. * (IW(:,1)-ukj(3)));
    Ak=[Ak;B];
    fkj=[yk1-ye(1);yk2-ye(2);yk3-ye(3);lamdaM * duk];
    while(((Ak' * fkj)' * (Ak' * fkj)>epsilon)&&(j<Dm))
        Alfaj=Alfaj/beta;
        duk=[ukj(1)-uk_1;ukj(2)-ukj(1);ukj(3)-ukj(2)];
        fkj=[yk1-ye(1);yk2-ye(2);yk3-ye(3);lamdaM * duk];
  %计算 fk
        Ak(1,1)=LW * (2 * Rk1. * b1.^2. * (IW(:,1)-ukj(1)));
  %计算 Ak
        Ak(2,1)=LW * (2 * Rk2. * b1.^2. * (IW(:,2)-yk1) * Ak(1,1));
        Ak(2,2)=LW * (2 * Rk2. * b1.^2. * (IW(:,1)-ukj(2)));
        Ak(3,1)=LW * (2 * Rk3. * b1.^2. * (IW(:,2)-yk2) * Ak(2,1));
        Ak(3,2)=LW * (2 * Rk3. * b1.^2. * (IW(:,2)-yk2) * Ak(2,2));
        Ak(3,3)=LW * (2 * Rk3. * b1.^2. * (IW(:,1)-ukj(3)));
        while(((Ak' * fkj)' * (Ak' * fkj)>epsilon)&&(i<Dm))
            ukj1=ukj-(Ak' * Ak+Alfaj * I)^(-1) * Ak' * fkj;
    %计算 k+1 时刻径向基 R 输出
    Rk1=exp(-b1.^2. * ((IW(:,1)-ukj1(1)).^2+(IW(:,2)-yk).^2));
    yk1=LW * Rk1+b2;            %计算 k+1 时刻网络输出
    %计算 k+2 时刻径向基 R 输出
    Rk2=exp(-b1.^2. * ((IW(:,1)-ukj1(2)).^2+(IW(:,2)-yk1).^2));
```

```
yk2=LW * Rk2+b2;            %计算 k+2 时刻网络输出
%计算 k+3 时刻径向基 R 输出
Rk3=exp(-b1.^2. * ((IW(:,1)-ukj1(3)).^2+(IW(:,2)-yk2).^2));
yk3=LW * Rk3+b2;            %计算 k+3 时刻网络输出
        duk=[ukj1(1)-uk_1;ukj1(2)-ukj1(1);ukj1(3)-ukj1(2)];
%计算性能指标
Jkj1=(yk1-ye(1))^2+(yk2-ye(2))^2+(yk3-ye(3))^2+lamdaM^2 * (duk' * duk);
    if(Jkj1<Jkj)
            ukj=ukj1;
            Jkj=Jkj1;
            break;
        else
            Alfaj=Alfaj * beta;
            i=i+1;
        end
    end
    j=j+1;
    i=1;
end
unew=ukj;
```

将上面的仿真程序修改为调用改进后的 L-M 算法函数，即可得仿真结果如下图(5-7)、图(5-8)所示：

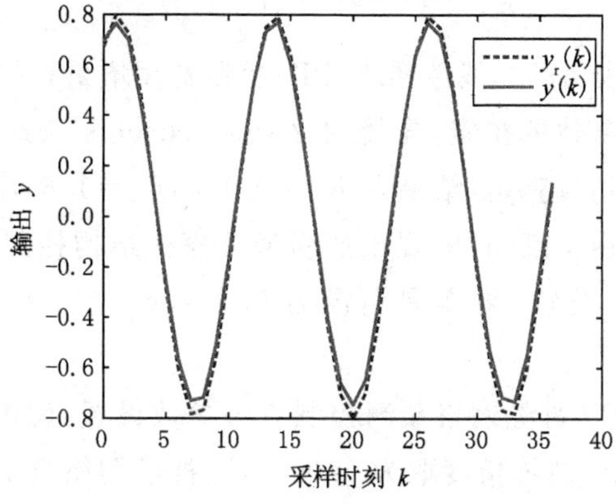

图 5-7　正弦信号跟踪结果

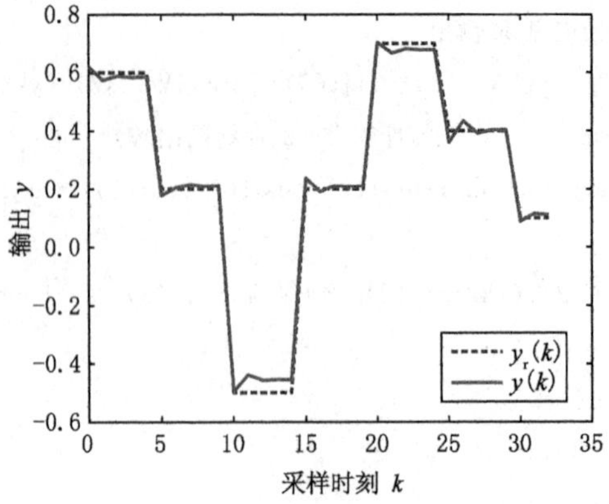

图 5-8 多点阶跃跟踪结果

由图(5-7)、图(5-8)可知,在相同参数设置情况下,改进后的滚动优化方法能够实现对正弦及多点阶跃信号的跟踪,且效果比较理想,如果进一步调整反馈校正参数及终止条件,效果会更好,排除了初始点对控制系统性能影响的问题。

5.5.6 与其他控制系统比较仿真

为检验所提出的 RBF 神经网络预测控制系统,进行与 PID 控制、滑模变结构控制的对比仿真研究,考虑如下离散非线性系统:

$$y(k+1)=u(k)^3+\frac{y(k)}{1+y(k)^2} \tag{5-27}$$

对由式(5-27)表示的非线性系统,PID 控制选用增量式控制方法,PID 控制的关键在于对三个参数的整定,先使用 Ziegler-Nichols 法进行初步整定,再用优选法进行进一步仿真整定,结果为 $K_P=0.184$,$K_I=1.6$,$K_D=0.01$。滑模变结构控制决定选用由文献[108]提出的新型滑模变结构控制方法,对方法中的相关参数进行如下设置:采样周期设为 0.1 s,$c=6$,$\alpha=8$,$q=10$,初始输出 $y_k=0$。

本章提出的 RBF 神经网络预测控制方法参数设置:RBF 一步预测模型的神经元个数为 22 个,训练精度取为 0.0001,逆神经网络选 BP 网络,神经元个数取 50,训练精度为 0.003,$\alpha_1=0.01$、$\beta=10$、$\varepsilon=0.0001$、$D_m=150$、反馈校正参数 $\delta=0.5$。

按上面给出的参数分别对非线性系统(5-27)进行仿真,参考输入选多点阶跃信号,将控制的结果绘在一起,如图 5-9 所示,由图可知:PID 控制存在超调,且对参考信号的跟踪较慢,虽然方法简单,但是效果并不理想;滑模变结构控制最初超调较大,但是随后跟踪效果很理想;本书的方法基本无超调,且跟踪几乎与参考输出重合,所以从这个仿真实验看,本书提出的方法更优。

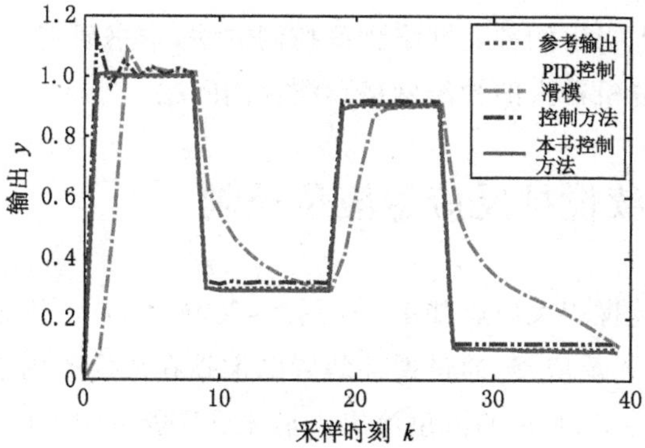

图 5-9　与其他控制方法比较

5.6　本章小结

本章首先说明了 L-M 算法的迭代公式及实现步骤;利用 RBF 神经网络建立了离散非线性被控系统的一步及多步预测模型;将 L-M 算法引入 RBF 神经网络预测控制的滚动优化中,推导了基于 RBF 神经网络预测模型的迭代公式,给出了求解多步预测控制中雅可比矩阵的通用方法及公式;并按照第 4 章所提出的方法,对 L-M 滚动优化做了进一步改进;最后进行了仿真实验,分别对改进前、后的 L-M 滚动优化方法进行仿真,结果说明了改进后的效果较理想,另外与 PID 控制及滑模变结构控制进行了比较仿真,结果说明:改进后 RBF 神经网络预测控制优于 PID 控制及滑模变结构控制。

第6章　神经网络预测控制应用

为了检验以上提出的神经网络预测控制方法，本书研究一种催化连续搅拌反应釜及下肢康复机器人的神经网络预测控制问题。

6.1　催化连续搅拌反应釜液位控制

一种催化连续搅拌反应釜如图 6-1 所示，物料 A 以 q_1 流量进入反应釜，物料 B 以 q_2 流量进入反应釜，通过搅拌装置的搅拌在反应釜内进行催化反应，反应后形成新的物料 C 以 q_3 的流量流出。描述反应釜液位高度的微分方程为

$$\frac{\mathrm{d}h(t)}{\mathrm{d}t}=q_1(t)+q_2(t)-k\sqrt{h(t)} \tag{6-1}$$

式中，k 为常数。

控制任务是，保持物料 B 的流量 q_2 为恒定值，通过调节物料 A 的流量 q_1 来控制液位高度 h 为设定值。

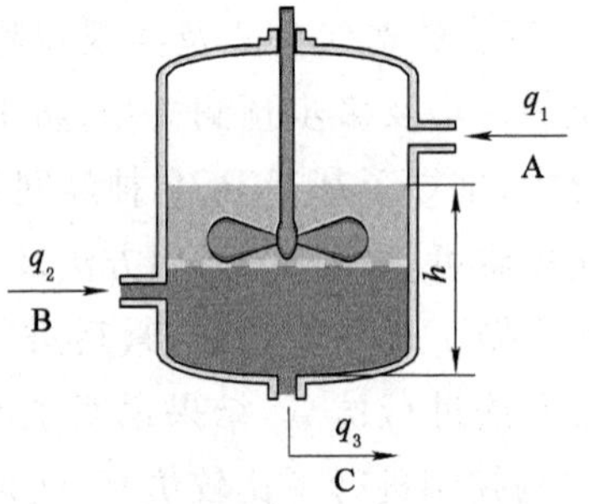

图 6-1　催化连续搅拌反应釜

6.1.1　神经网络预测模型

对微分方程式(6-1)进行差分离散化可得：

$$h[(k+1)T]=T[q_1(kT)+q_2(kT)-k_1\sqrt{h(kT)}]+h(kT) \qquad (6\text{-}2)$$

式中，T 为采样周期。由式(6-2)可知，系统的延迟环节具有阶数：$n_u=1$、$n_y=1$。

为代替实际的实验测试样本数据，此处通过建模仿真的方法来获得数据。根据式(6-1)在 MATLAB 中不难建立反应釜的仿真模型如图 6-2 所示。其中，取 $k=0.3$，$q_2=0.2$，$T=20$ s，将输入(q_1) Uniform Random Number 设置为 0～1的随机数，设置仿真时间为 10 000 s，可得以 q_1 为控制量 u；以 h 为输出值 $\boldsymbol{y}$ 的样本数据如图 6-3 所示。

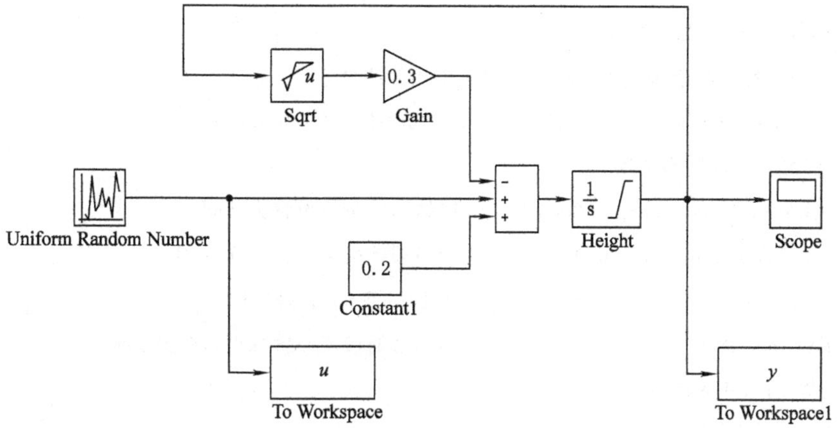

图 6-2　样本数据仿真测试图

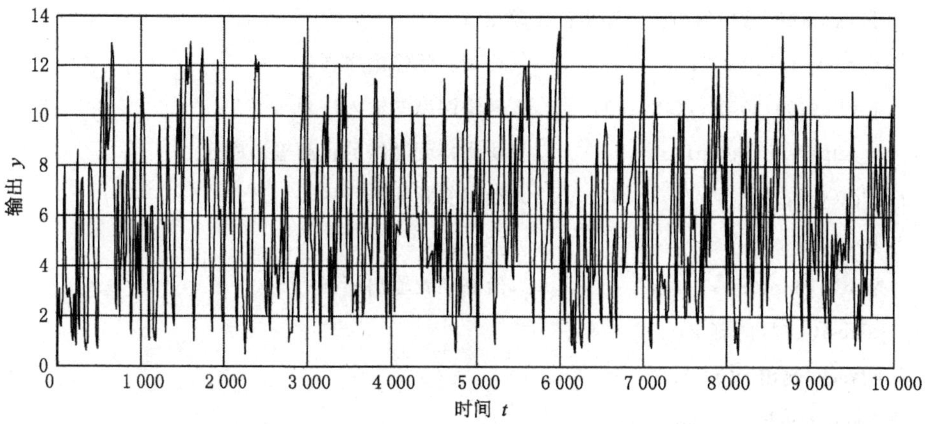

图 6-3　输出的样本数据

编写以下程序建立 MLP 神经网络预测模型，和逆 MLP 神经网络模型。

```
%建立催化连续搅拌反应釜 CSTR 的神经网络预测模型
yk1=y(2:501);                        %获取样本数据的 k+1 时刻输出值
yk=y(1:500);                         %获取样本数据的 k 时刻输出值
uk=u(1:500);                         %获取 k 时刻值的控制量
p=[uk'; yk'];                        %取神经网络的输入数据
% MLP 神经网络建立
n=35;                                %设定神经元个数
global net IW LW b1 b2
%非线性层激活函数为 sigmoid 函数，输出为线性
net=newff(minmax(p),[n,1],{'logsig' 'purelin'},'trainlm');
%MLP 神经网络训练
net.trainParam.epochs=2000;          %网络训练时间设置为 2000
net.trainParam.goal=0.0001;          %网络训练精度设置为 0.0001
net=trainlm(net,p,yk1');             %用 L-M 算法训练网络
IW=net.IW{1};                        %将网络的权值与偏置设为全局变量
LW=net.LW{2,1};
b1=net.b{1};
b2=net.b{2};
```

为便于观察网络的训练结果，采用 50 个训练数据进行预测测试，编写程序：

```
%网络预测输出值与实际输出值比较测试
y_e=y(451:501)';                     %得到实际输出序列
p=[u(450:500)';y(450:500)'];         %神经网络的输入序列
y_mlp=sim(net,p);                    %仿真得到网络的预测输出序列
plot(y_e,'--b');                     %绘制实际输出序列
hold on;
plot(y_mlp,'r');                     %绘制预测输出序列
xlabel('采样时刻 k');
ylabel('输出 y(k)');
legend('y(k)','y_m(k)');
```

执行以上程序，可绘得预测值与实际值的对比情况如图 6-4 所示。由图可知 MLP 神经网络能较为精确地预测系统的输出。

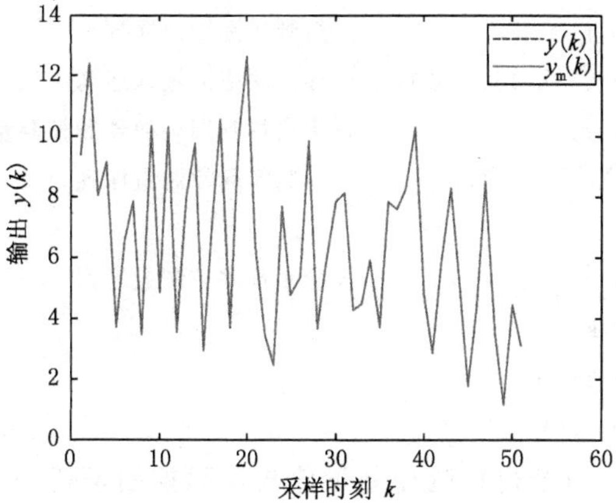

图 6-4 MLP 神经网络预测结果

滚动优化方法采用改进的 N-L 算法，为此需要建立并训练逆 MLP 神经网络，用于确定 N-L 算法的初值。编写以下程序：

```
%建立 CSTR 的逆神经网络模型用于确定初值
yk1=y(2:501);                   %获取样本数据的 k+1 时刻输出值
yk=y(1:500);                    %获取样本数据的 k 时刻输出值
uk=u(1:500);                    %获取 k 时刻值的控制量
p=[yk1'; yk'];                  %取逆神经网络的训练样本数据
%逆 MLP 神经网络建立
n=45;                           %设定神经元个数
global net1 IW1 LW1 b11 b21
%非线性层激活函数为 sigmoid 函数，输出为线性
net1=newff(minmax(p),[n,1],{'logsig' 'purelin'},'trainlm');
%MLP 神经网络训练
net1.trainParam.epochs=2000;    %网络训练时间设置为 2000
net1.trainParam.goal=0.0001;    %网络训练精度设置为 0.0001
net1=trainlm(net1,p,uk');       %训练网络
IW1=net1.IW{1};                 %将网络的权值与偏置设为全局变量
LW1=net1.LW{2,1};
b11=net1.b{1};
b21=net1.b{2};
```

为便于观察网络的训练结果，仍采用 50 个训练数据进行测试，编写程序：

```
%网络预测控制量与实际控制量比较测试
y_e=y(451:501)';                     %得到实际输出序列
p=[yk1(450:500)';yk(450:500)'];  %神经网络的输入序列
u_mlp=sim(net1,p);                   %仿真得到网络的预测控制量序列
plot(uk(450:500),'--b');             %绘制实际控制量序列
hold on;
plot(u_mlp,'r');                     %绘制预测控制量序列
xlabel('采样时刻 k');
ylabel('控制量 u(k)');
legend('u(k)','u_0(k)');
```

执行以上程序,可绘得预测控制量值与实际控制量值的对比情况如图 6-5 所示。由图可知逆 MLP 神经网络能较为精确地预测系统的控制量。

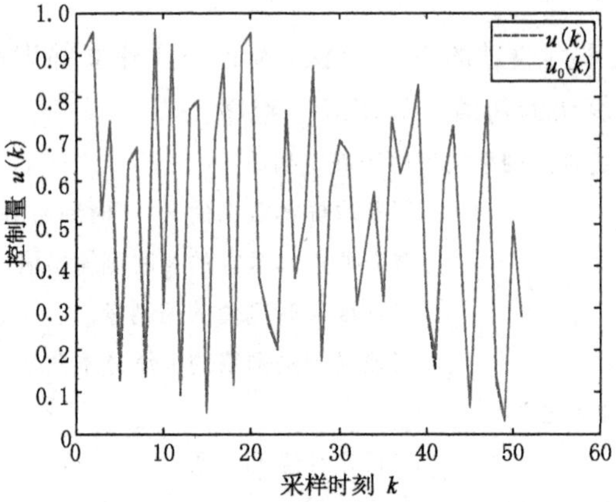

图 6-5　逆 MLP 神经网络训练结果

预测控制的滚动 N-L 算法仍采用 4.1.6 节编写的程序。

6.1.2　控制系统仿真

为搭建整个系统的仿真模型,将滚动优化过程用 MATLAB 的 S 函数来实现。编写以下程序:

```
%滚动优化的 S 函数,函数名 cstr_opt
function[sys,x0,str,ts,simStateCompliance]=cstr_opt(t,x,u,flag)
switch flag,
```

```
    case 0,
        [sys,x0,str,ts,simStateCompliance]=mdlInitializeSizes;
    case 1,
        sys=mdlDerivatives(t,x,u);
    case 2,
        sys=mdlUpdate(t,x,u);
    case 3,
        sys=mdlOutputs(t,x,u);
    case 4,
        sys=mdlGetTimeOfNextVarHit(t,x,u);
    case 9,
        sys=mdlTerminate(t,x,u);
    otherwise
        DAStudio.error('Simulink:blocks:unhandledFlag',num2str(flag));
end
function[sys,x0,str,ts,simStateCompliance]=mdlInitializeSizes
sizes=simsizes;
sizes.NumContStates  =0;                  %无连续状态
sizes.NumDiscStates  =0;                  %无离散状态
sizes.NumOutputs   =2;                    %输出个数为 2
sizes.NumInputs   =4;                     %输入个数为 4
sizes.DirFeedthrough=1;
sizes.NumSampleTimes=1;               % 采样时间个数,至少是一个
sys=simsizes(sizes);
x0=[];
str=[];
ts=[20 0];
global IW LW b1 b2 lamda  IW1 LW1 b11 b21 net net1
IW=net.IW{1};                         % 获取 MLP 网络的参数
LW=net.LW{2,1};
b1=net.b{1};
```

```
b2=net.b{2};
IW1=net1.IW{1};
LW1=net1.LW{2,1};
b11=net1.b{1};
b21=net1.b{2};
lamda=0.0001;                          %目标函数权重系数
simStateCompliance='UnknownSimState';
function sys=mdlDerivatives(t,x,u)
sys=[];
function sys=mdlUpdate(t,x,u)
sys=[];
function sys=mdlOutputs(t,x,u)
global IW LW b1 b2
unew=Imp_NL_alg(u(1),u(2),[u(3);u(4)]);          %调用改进滚动 N-L 优化算法
ym_out=LW*logsig(IW*[unew(1);u(2)]+b1)+b2;      %预测神经网络输出
sys=[unew(1) ym_out];
function sys=mdlGetTimeOfNextVarHit(t,x,u)
sampleTime=0.1;            % Example,set the next hit to be one second later.
sys=t+sampleTime;
function sys=mdlTerminate(t,x,u)
sys=[];
```

在 Simulink 中建立控制系统的仿真模型如图 6-6 所示。

为考察控制系统的定值控制效果，先将输入设为阶跃信号，幅值为 5，设置仿真的时间为 1 000 s，采样周期为 20 s，固定采样周期，执行仿真可由示波器观测控制效果，执行以下程序：

```
plot(y_rk,'--b');                      %绘制参考输入序列
hold on;
plot(y_outk,'r');                      %绘制实际输出序列
xlabel('采样时刻 k');
ylabel('参考输入与输出 y(k)');
legend('y_r(k)','y(k)');
```

可得控制系统的阶跃响应如图 6-7 所示。由图可知，控制系统的阶跃响应

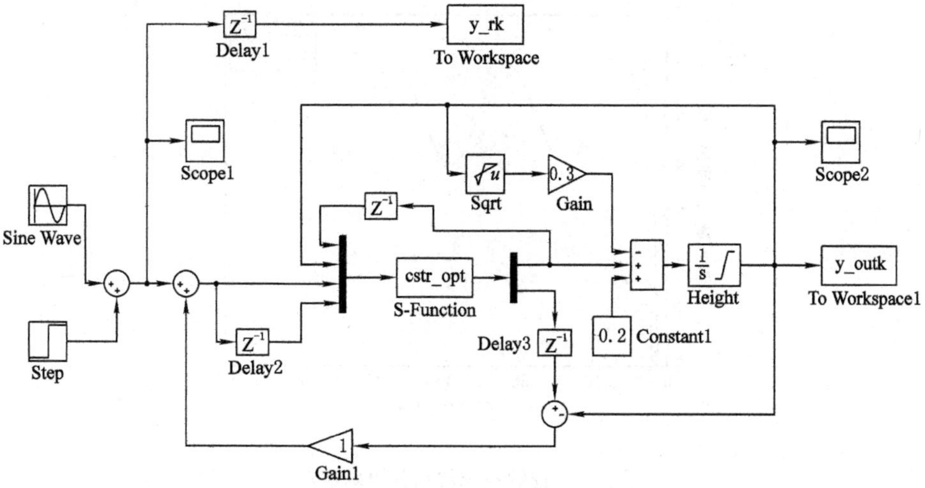

图 6-6　控制系统仿真模型的结构图

略有超调，响应较快，无稳态误差。

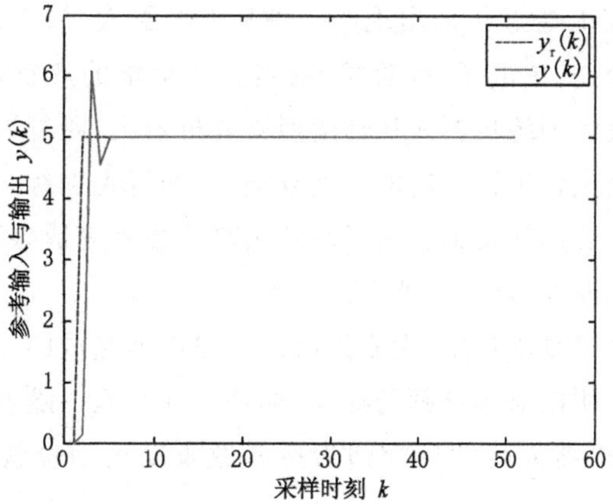

图 6-7　控制系统的阶跃响应

为考察控制系统对信号的跟踪能力，在阶跃信号的基础上增加一个正弦信号，幅值设为 1，频率设为 0.02，再次进行仿真，执行以上程序可绘制控制系统的跟踪效果如图 6-8 所示。由图可知，控制系统能够无差地跟踪正弦信号的变化，控制效果较好。

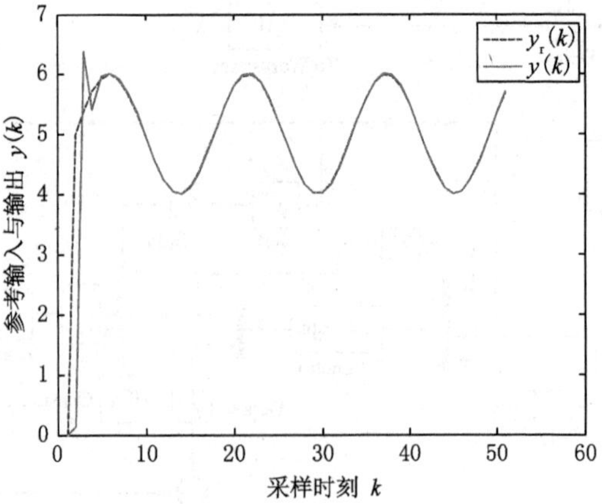

图 6-8　控制系统的正弦跟踪响应

6.2　下肢康复机器人位置控制

下肢康复机器人是近年来出现的一种新型机器人，属于医疗机器人范畴。它整合了控制理论、机械电子、计算机、材料和仿生学的产物，具有多学科交叉的特点。可分为康复训练机器人和辅助型康复机器人，康复训练机器人的主要功能是帮助患者完成各种运动功能的恢复训练，如行走训练、腿部运动训练；辅助型康复机器人主要用来帮助肢体运动有困难的患者完成各种运动，如机器人轮椅、导盲手杖、机器人假肢、机器人护士等。

在早期的肢体康复治疗中，大多是由人工理疗师完成的。这项工作重复性极高、劳动强度大，所以对理疗师的身、心都是一种考验。随着机器人技术的不断发展，设计一种机器人代替理疗师为患者做康复运动也就成为必然的发展趋势。

下肢康复机器人是一个强耦合的非线性系统，要求控制系统能够在时变参数及变负荷的情况下，实现对机器人的位置、速度等的精确控制，以跟踪康复理疗曲线运动，所以如何对其进行有效控制是关键问题[109]。

6.2.1　下肢康复机器人

一种下肢康复机器人如图 6-9 所示，根据人体的下肢结构，设计的机器人主要由七个部分组成:1 基座、2 髋关节、3 大腿连杆、4 膝关节、5 小腿连杆、6 裸关节、7 足部踏板。机器人具有 4 个自由度,分别是基座的上下移动,髋关节、膝关节、裸关节的正反旋转。

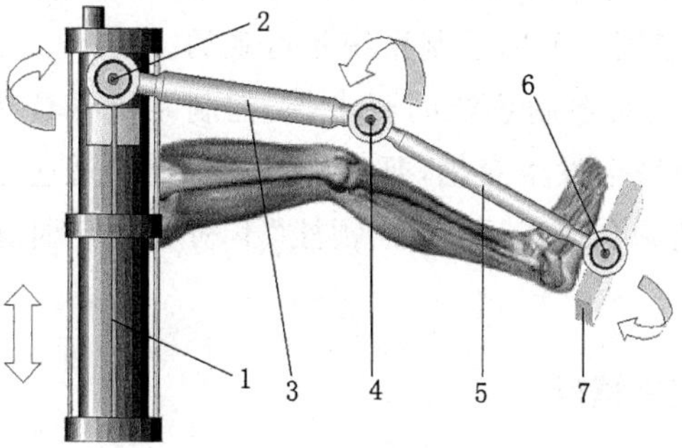

图 6-9　下肢康复机器人

工作时,患者可以采用卧床或坐在椅子上的姿势,通过调整基座的上下移动使得机器人髋关节与人体的臀部基本持平。将患者的脚部固定在足部踏板上。机器人通过控制髋关节、膝关节、裸关节的正反旋转运动来带动患者的下肢按指定的康复曲线运动,从而实现对患者运动机能的康复理疗。

通过分析工作过程可知,基座的上下运动只是用来调整机器人与患者的位置,调整完毕后在实际的理疗过程中不再变化,所以,这部分的控制单独进行。而且,控制部分由操作者通过按钮手动调整,不需要复杂的自动控制方法,一般的控制都可以实现,故本书只研究对理疗的三个关节的控制。

由于患者仅通过足部踏板(末端)与机器人连接,因此,参考的输入就是足部的运动轨迹(位置)及速度,这可以通过对理疗师设定的运动曲线分析得到。在机器人中,已知末端的运动位置、速度来求各个关节的位置、速度属于逆运动学问题,目前已有经典的方法解决该类问题[110]。设机器人三个关节的状态向量可以表示为:

$$\boldsymbol{q}=[q_1\ q_2\ q_3\ \dot{q}_1\ \dot{q}_2\ \dot{q}_3\ \ddot{q}_1\ \ddot{q}_2\ \ddot{q}_3]^{\mathrm{T}} \tag{6-3}$$

式中,q_1,q_2,q_3 分别为机器人髋、膝、裸关节的角位移;$\dot{q}_1$,$\dot{q}_2$,$\dot{q}_3$ 分别为相应关节的角速度;$\ddot{q}_1$,$\ddot{q}_2$,$\ddot{q}_3$ 分别为相应关节的角加速度。另设 $\boldsymbol{q}_{\mathrm{r}}$ 为参考输入,如果 $\boldsymbol{q}_{\mathrm{r}}$ 中只包含角位移,即:

$$\boldsymbol{q}_{\mathrm{r}}=[q_{1\mathrm{r}}\ q_{2\mathrm{r}}\ q_{3\mathrm{r}}]^{\mathrm{T}} \tag{6-4}$$

则控制就是轨迹跟踪问题；如果还包括角速度，即：

$$\boldsymbol{q}_{\mathrm{r}}=[q_{1\mathrm{r}}\ q_{2\mathrm{r}}\ q_{34}\ \dot{q}_{1\mathrm{r}}\ \dot{q}_{2\mathrm{r}}\ \dot{q}_{3\mathrm{r}}]^{\mathrm{T}} \tag{6-5}$$

则要求跟踪轨迹的同时控制速度。

分别在三个关节处安装旋转编码器，可以测得角位移，通过差分法可以计算出角速度及角加速度。所以控制系统是可观的。

下肢康复机器人对控制系统的要求是：控制系统要具有自适应性，即不同患者理疗时，末端负载会发生变化，要求控制系统能自适应这一变化；控制位置超调量要小，因为超调会造成运动的“顿挫”不利于康复训练；控制系统精度要求无稳态误差。

6.2.2 循环神经网络模型

对一个 n 关节机器人，建立的动态方程是：

$$M(\boldsymbol{q})\ddot{\boldsymbol{q}}+C(\boldsymbol{q},\dot{\boldsymbol{q}})\dot{\boldsymbol{q}}+G(\boldsymbol{q})+C(\dot{\boldsymbol{q}})+\boldsymbol{\tau}_{\mathrm{d}}=\boldsymbol{u} \tag{6-6}$$

式中，$\boldsymbol{q}\in\mathbf{R}^n$ 是关节的角位移；$M(\boldsymbol{q})\in\mathbf{R}^{n\times n}$ 是惯性矩阵，$C(\boldsymbol{q},\dot{\boldsymbol{q}})\in\mathbf{R}^{n}$ 表示机器人的离心力和哥氏力；$\mathrm{G}(\boldsymbol{q})$ 是重力；$\mathrm{C}(\dot{\boldsymbol{q}})$ 是摩擦力矩；$\boldsymbol{u}$ 是控制力矩；$\boldsymbol{\tau}_{\mathrm{d}}$ 为扰动。式(6-6)是一个非线性微分方程，要确定惯性矩阵、离心力和哥氏力耦合矩阵以及摩擦力矩是很困难的，即便确定了，要通过解这个非线性微分方程来进行预测难度也很大。

考虑到式(6-6)的解与初值有关，因此，可以通过一个循环神经网络来逼近式(6-6)的非线性关系。构建三层循环神经网络如图 6-10 所示，对三关节下肢康复机器人而言，输入层为 k 时刻的控制力矩 $\boldsymbol{u}(k)=[u_1(k),u_2(k),u_3(k)]$，分别表示髋、膝、裸关节的控制力矩，输出为 $k+1$ 时刻的状态 $\boldsymbol{q}(k+1)$，向量 $\boldsymbol{q}$ 的形式如式(6-3)所示。经过一个一阶延迟环节变为 $\boldsymbol{q}(k)$ 再反馈回网络的输入，从而构成循环神经网络。通过离线实验或在线检测，在当前采样时刻 k 给定一个控制量 $\boldsymbol{u}(k)$，在下一采样时刻 $k+1$ 测量状态输出 $\boldsymbol{q}(k+1)$，如此不断重复即可获得训练数据，用这些数据训练神经网络，即可使图 6-10 所示的循环神经网络充分逼近式(6-6)所表示的机器人非线性关系，并成为预测控制的神经网络模型。只需给定未来的控制量，即可通过该模型预测未来的状态输出。

如果输入、输出层神经元为线性，隐层为非线性，其激活函数取为 Logsig 函数，则图 6-10 所示的神经网络表达式可以写为：

$$\boldsymbol{q}(k+1)=\boldsymbol{LW}\times(1+\exp(-\boldsymbol{IW}\times[\boldsymbol{q}(k);\boldsymbol{u}(k)]-\boldsymbol{b}_1)).^{-1}+\boldsymbol{b}_2 \tag{6-7}$$

其中：“$.^{-1}$”表示向量点乘的 -1 次方；$\boldsymbol{LW}$ 表示输出层的权值矩阵，若隐层神经

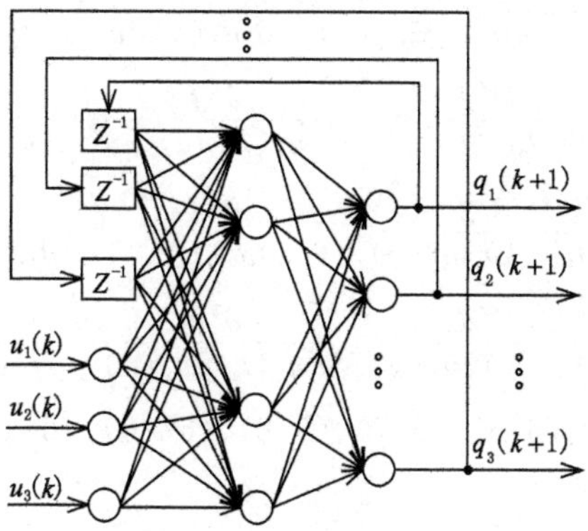

图 6-10　循环神经网络模型

元的个数为 S_1，则其维数是 $9\times S_1$；$\boldsymbol{IW}$ 表示输入层的权值矩阵，其维数是 $S_1\times 12$；$\boldsymbol{b}_1$，$\boldsymbol{b}_2$ 分别为输入、输出的偏置向量，维数分别为：12×1、$S_1\times 1$。

式(6-7)中，神经网络的隐层神经元个数 S_1 一旦确定，根据 $\boldsymbol{u}(k)$ 及 $\boldsymbol{q}(k+1)$ 的数据，通过调节 $\boldsymbol{LW}$、$\boldsymbol{IW}$、$\boldsymbol{b}_1$，$\boldsymbol{b}_2$ 四个参数即可完成神经网络的训练，参数训练完毕后即为常数值，$\boldsymbol{q}(k+1)$ 就只是 $\boldsymbol{u}(k)$ 的函数，可以对机器人进行预测。

6.2.3　滚动优化与反馈校正

对下肢康复机器人，考虑到机器人控制的实时性要求，以及神经网络计算的耗时性(原因是目前神经网络大多以软件实现，所以速度慢)，此处采用一步预测，一步控制。

考虑位置跟踪控制，则可以构造目标性能函数为：

$$\boldsymbol{J}=\sum_{j=1}^{3}[q_{j\mathrm{m}}(k+1)-q_{j\mathrm{r}}(k+1)]^2+\lambda\sum_{j=1}^{3}[u_j(k)-u_j(k-1)]^2 \tag{6-8}$$

式中，$q_{j\mathrm{m}}(k+1)$ 为第 $k+1$ 时刻式(6-3)中第 j 个元素的神经网络预测状态值，下标 m 是为了与实际输出区分；λ 为优化的权重因子。

优化的任务是寻找一个最优控制量 $\boldsymbol{u}^*(k)$，使得式(6-8)的 J 取最小值。牛顿拉夫逊算法二阶收敛，算法的实时性好，所以选用该算法对式(6-8)优化，其迭代公式是：

$$\boldsymbol{u}^{i+1}=\boldsymbol{u}^i-(\boldsymbol{H}^i)^{-1}\boldsymbol{J}_a^i \tag{6-9}$$

式(6-9)中，i 表示迭代次数；J_a 是雅克比矩阵；H 是海森矩阵，且有：

$$\boldsymbol{J}_a=\frac{\partial \boldsymbol{J}}{\partial \boldsymbol{u}}=\left[\frac{\partial \boldsymbol{J}}{\partial \boldsymbol{u}_1(k)} \quad \frac{\partial \boldsymbol{J}}{\partial\ \boldsymbol{u}_2(k)} \frac{\partial \boldsymbol{J}}{\partial \boldsymbol{u}_3(k)}\right]^{\mathrm{T}} \tag{6-10}$$

$$H=\frac{\partial^2 \boldsymbol{J}}{\partial \boldsymbol{u}^2}=\begin{bmatrix} \dfrac{\partial^2 \boldsymbol{J}}{\partial u_1(k)^2} & \dfrac{\partial^2 \boldsymbol{J}}{\partial u_1(k)\partial u_2(k)} & \dfrac{\partial^2 \boldsymbol{J}}{\partial u_1(k)\partial u_3(k)} \\ \dfrac{\partial^2 \boldsymbol{J}}{\partial u_2(k)\partial u_1(k)} & \dfrac{\partial^2 \boldsymbol{J}}{\partial u_2(k)^2} & \dfrac{\partial^2 \boldsymbol{J}}{\partial u_2(k)\partial u_3(k)} \\ \dfrac{\partial^2 \boldsymbol{J}}{\partial u_3(k)\partial u_1(k)} & \dfrac{\partial^2 \boldsymbol{J}}{\partial u_3(k)\partial u_2(k)} & \dfrac{\partial^2 \boldsymbol{J}}{\partial u_3(k)^2} \end{bmatrix} \tag{6-11}$$

由式(6-3)、(6-4)、(6-5)、(6-7)、(6-8)、(6-10)、(6-11)可推导出雅克比矩阵的计算公式为：

$$\frac{\partial J}{\partial u_j(k)}=2\sum_{i=1}^{3}\left[(q_{\mathrm{im}}(k+1)-q_{\mathrm{ir}}(k+1))\frac{\partial q_{\mathrm{im}}(k+1)}{\partial u_j(k)}\right]+ 2\lambda(u_j(k)-u_j(k-1)) \tag{6-12-a}$$

$$\frac{\partial q_{\mathrm{im}}(k+1)}{\partial u_j(k)}=LW(i,:)\times((a(k)-a(k).^2).*IW(:,9+j)) \tag{6-12-b}$$

海森矩阵的计算公式为：

$$\frac{\partial^2 J}{\partial u_j(k)^2}=2\sum_{i=1}^{3}\left[\left(\frac{\partial q_{\mathrm{im}}(k+1)}{\partial u_j(k)}\right)^2+(q_{\mathrm{im}}(k+1)-q_{\mathrm{ir}}(k+1))\frac{\partial^2 q_{\mathrm{im}}(k+1)}{\partial u_j(k)^2}\right]+ \tag{6-13-a}$$

$$\frac{2\lambda\partial^2 q_{\mathrm{im}}(k+1)}{\partial u_j(k)^2}=LW(i,:)\times((a(k)-3a(k).^2+2a(k).^3).*(IW(:,9+j).^2) \tag{6-13-b}$$

$$\frac{\partial^2 J}{\partial u_j(k)\partial u_i(k)}=2\sum_{l=1}^{3}\left[\frac{\partial q_{l\mathrm{m}}(k+1)}{\partial u_j(k)}\frac{\partial q_{l\mathrm{m}}(k+1)}{\partial u_i(k)}+ (q_{l\mathrm{m}}(k+1)-q_{l\mathrm{r}}(k+1))\frac{\partial^2 q_{l\mathrm{m}}(k+1)}{\partial u_j(k)\partial u_i(k)}\right] \tag{6-13-c}$$

$$\frac{\partial^2 q_{j\mathrm{m}}(k+1)}{\partial u_j(k)\partial u_i(k)}=LW(j,:)\times((a(k)-3a(k).^2+2a(k).^3). *(IW(:,9+j)).*(IW(:,9+i))) \tag{6-13-d}$$

其中：“.*”表示向量的点乘；$j,i,l=1,2,3$；$LW(j,:)$表示矩阵 LW 的第 j 行；$IW(:,9+j)$表示矩阵 IW 的第 $9+j$ 列；$\boldsymbol{a}(k)$为时刻作用下，隐层神经元的输出，其维数是 $S_1\times1$。

在任何一次迭代步，给定 $\boldsymbol{u}(k)$按式(6-10)、(6-12)可计算出雅克比矩阵，按式(6-11)、(6-13)可计算出海森矩阵，再按式(6-9)迭代就可以实现滚动优化。

在第 k 次滚动优化前，先检测康复机器人的实际输出状态 $\boldsymbol{q}(k)$，与上次($k-1$ 时刻)的预测输出 $\boldsymbol{q}_{\mathrm{m}}(k)$ 相减得预测误差 $\boldsymbol{e}(k)$，将该误差乘以反馈系数 δ 后加在参考输出 $\boldsymbol{q}_{\mathrm{r}}(k+1)$ 上，用校正后的 $\boldsymbol{q}'_{\mathrm{r}}(k+1)$ 进行滚动优化，即实现以下反馈校正：

$$\boldsymbol{q}'_{\mathrm{r}}(k+1)=\boldsymbol{q}_{\mathrm{r}}(k+1)+\delta(\boldsymbol{q}(k)-\boldsymbol{q}_{\mathrm{m}}(k)) \tag{6-14}$$

6.2.4　控制系统设计与仿真

控制系统结构如图 6-11 所示，机器人的状态参数 $\boldsymbol{q}$ 以及滚动优化的最优控制量 $\boldsymbol{u}^*$ 输出传递给循环神经网络模型，用于在线训练神经网络，使之不断逼近机器人的动态特性。滚动优化通过给定一个控制量调用循环神经网络来获得机器人未来的预测输出，并根据目标性能函数来进行优化，其结果作为实际输出控制机器人的运动。反馈校正部分通过比较机器人的实际状态输出 $\boldsymbol{q}$ 与参考输出 $\boldsymbol{q}_{\mathrm{r}}$ 的差值 $\boldsymbol{e}$ 来实现对参考输入的校正，进一步实现对控制系统的反馈控制功能。

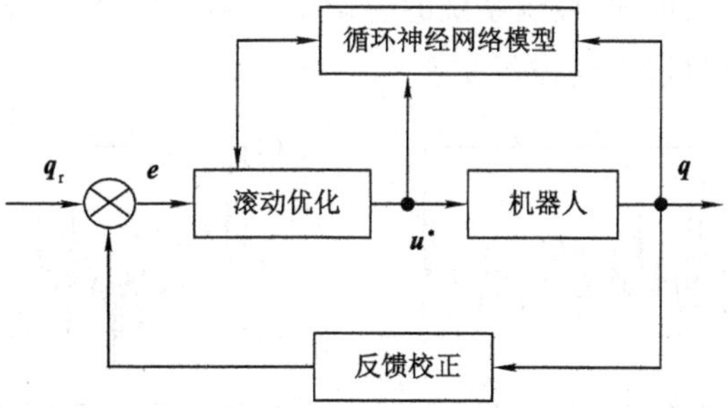

图 6-11　控制系统结构图

神经网络在使用前要先通过实验数据进行离线训练，并满足精度要求。控制算法可归纳为：

第一步：初始化。包括设定 λ 值，设定牛顿拉夫逊算法的终止条件，迭代的 $\boldsymbol{u}(k)$ 初值，预测输出 $\boldsymbol{q}_{\mathrm{m}}(k)$ 的初值；

第二步：检测机器人的实际状态值 $\boldsymbol{q}(k)$，按式(6-7)计算 $q_{\mathrm{m}}(k+1)$，按式(6-14)进行反馈校正；

第三步：代入 $\boldsymbol{u}(k)$ 初值，按式(6-9)－式(6-13)优化至满足终止条件，得

$u^*(k)$，输出 $u^*(k)$用于控制；

第四步：检测实际状态值 $q(k+1)$，用数据 $u^*(k)$，$q(k+1)$训练神经网络，转第二步。

为验证以上神经网络预测控制的可行性，在 MATLAB 软件中，利用 Neural network 及 Robot 工具箱建立康复机器人的模型，图 6-9 中 2～5 的关节与连杆取自 Puma560 机器人的第二个关节及连杆；6～7 的关节与连杆取自 Puma560 机器人的第三个关节及连杆。这些关节、连杆的所有参数可参阅文献[111]。通过 Simulink 对构建的康复机器人仿真产生训练数据，用于训练神经网络，神经元个数取 30，分别用 newff 及 trainlm 构建与训练神经网络。对康复机器人按上文的方法设计算法实现轨迹跟踪控制，得神经网络预测误差曲线如图 6-12 所示，图 6-12(a)、6-12(b)、6-12(c)，分别是髋、膝、裸关节的位置预测误差曲线，为保证优化的性能，引入逆神经网络用于确定迭代的初值，该网络具有 2 个隐层，分别有 40，20 个神经元，图 6-12(d)是逆神经网络的预测初值的误差曲线。

分别设定三个关节的位置变化曲线，采用神经网络预测控制可绘出系统的跟踪曲线如图 6-13 所示，图 6-13(a)、6-13(b)、6-13(c)，分别是髋、膝、裸关节的位置跟踪曲线，由图可知，控制系统的超调量很小，关节位置 q 能快速跟踪参考输入 q_r，满足康复机器人的控制要求。

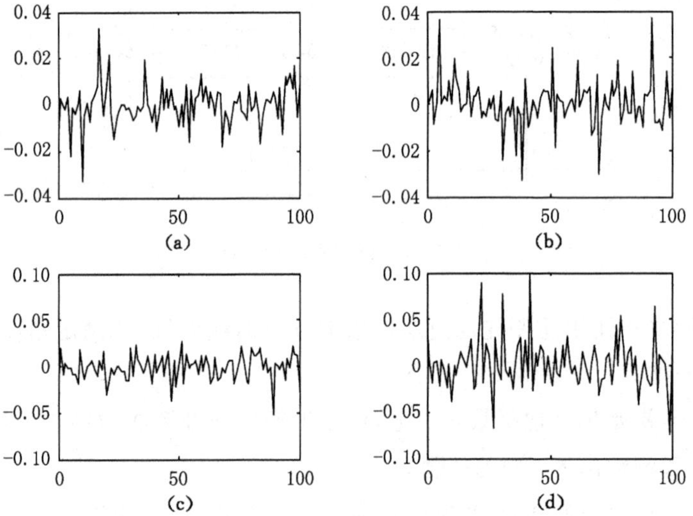

图 6-12　预测误差曲线图

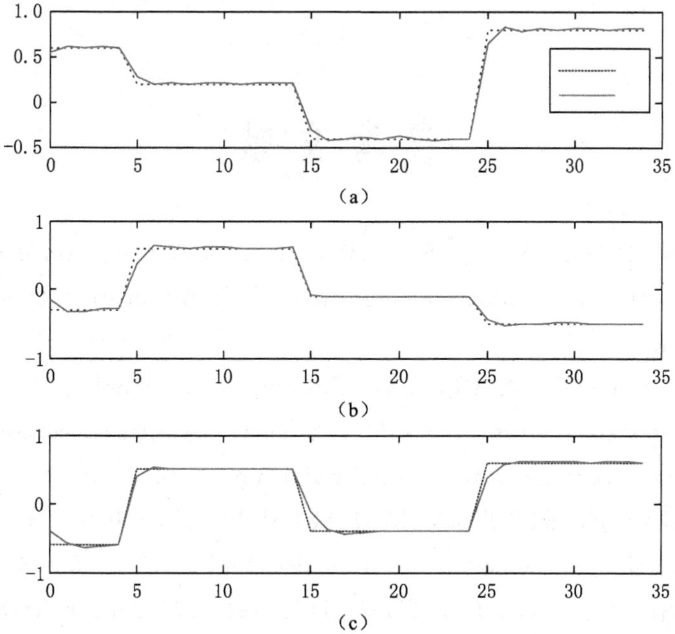

图 6-13　位置跟踪响应

6.3　本章小结

本章通过两个实例说明神经网络预测控制的应用。用催化连续搅拌反应釜的液位控制问题,建立了其 MLP 预测模型,用改进的 N-L 算法进行了滚动优化。控制系统的仿真结果表明,控制系统能够无稳态误差的进行定值控制,响应较快;且可以无差地跟踪正弦信号的变化,控制效果较好。采用神经网络对书中所构建的下肢康复机器人进行建模,从预测误差看神经网络具有较高的建模精度,基于神经网络模型的预测控制能够对机器人的位置实现跟踪控制,且响应快,超调量小。从大量的仿真结果看,该控制方法的实时性仍有待提高,实际应用时要在实时性与控制精度间折中。

参考文献

[1] MAYNE D Q,RAWLINGS J B,RAO C V,et al. Constrained model predictive control: Stability and optimality[J]. Automatica, 2000, 36(6): 789-814.

[2] ŁAWRYŃCZUK M. MPC algorithms based on double-layer perceptron neural models:the prototypes[M]//Studies in Systems,Decision and Control. Cham:Springer International Publishing,2014:31-98.

[3] GARCÍA C E,PRETT D M,MORARI M. Model predictive control:Theory and practice-A survey[J]. Automatica,1989,25(3):335-348.

[4] RICHALET J,RAULT A,TESTUD J L,et al. Model predictive heuristic control:Applications to industrial processes[J]. Automatica,1978,14(5): 413-428.

[5] MEHRA R K, ROUHANI R. Theoretical considerations on model algorithmic control for non- minimum phase systems [C]. Proc. Joint Aut. Control Conf. , San Francisco, California,1980.

[6] CUTLER C R , RAMAKER D L. Dynamic matrix control-a computer control algorithm[C]. Proc. Joint Aut. Control Conf. , San Francisco, California. 1980.

[7] QIN S J,BADGWELL T A. A survey of industrial model predictive control technology[J]. Control Engineering Practice,2003,11(7):733-764.

[8] RICHARDS A. Fast Model Predictive Control with soft constraints[J]. European Journal of Control,2015,25:51-59.

[9] HENSON M A. Nonlinear model predictive control:current status and future directions[J]. Computers & Chemical Engineering, 1998, 23(2): 187-202.

[10] HÄGGLUND T. A unified discussion on signal filtering in PID control [J]. Control Engineering Practice,2013,21(8):994-1006.

[11] CLARKE D W , MOHTADI C , TUFFS P S. Generalized predictive control. partl: The basic algorithm. Part2: Extensions and interpretations [J]. Automatica, 1987, 23: 137-160.

[12] 韩恺.化工过程中的若干预测控制算法与应用研究[D].杭州:浙江大学,2009:1-6.

[13] 席裕庚,李德伟,林姝.模型预测控制:现状与挑战[J].自动化学报,2013,39(3):222-236.

[14] 何德峰,丁宝苍,于树友.非线性系统模型预测控制若干基本特点与主题回顾[J].控制理论与应用,2013,30(3):273-287.

[15] RAHIDEH A,SHAHEED M H. Constrained output feedback model predictive control for nonlinear systems[J]. Control Engineering Practice,2012,20(4):431-443.

[16] DE OLIVEIRA KOTHARE S L,MORARI M. Contractive model predictive control for constrained nonlinear systems[J]. IEEE Transactions on Automatic Control,2000,45(6):1053-1071.

[17] 徐胜红,孙庆祥,顾文锦,等.非线性预测控制模型方法综述[J].海军航空工程学院学报,2007,22(6):633-636.

[18] DING B C,PING X B. Dynamic output feedback model predictive control for nonlinear systems represented by Hammerstein-Wiener model[J]. Journal of Process Control,2012,22(9):1773-1784.

[19] GRUBER J K,RAMIREZ D R,LIMON D,et al. Computationally efficient nonlinear Min-Max Model Predictive Control based on Volterra series models-Application to a pilot plant[J]. Journal of Process Control,2013,23(4):543-560.

[20] CHAKRABARTY A,BANERJEE S,MAITY S,et al. Fuzzy model predictive control of non-linear processes using convolution models and foraging algorithms[J]. Measurement,2013,46(4):1616-1629.

[21] BELLO O,HAMAM Y,DJOUANI K. Fuzzy dynamic modelling and predictive control of a coagulation chemical dosing unit for water treatment plants[J]. Journal of Electrical Systems and Information Technology,2014,1(2):129-143.

[22] HORNIK K,STINCHCOMBE M,WHITE H. Multilayer feedforward

networks are universal approximators[J]. Neural Networks,1989,2(5):359-366.

[23] 戴文战,娄海川,杨爱萍.非线性系统神经网络预测控制研究进展[J].控制理论与应用,2009,26(5):521-530.

[24] LIANG W,QUINTE R,JIA X B,et al. MPC control for improving energy efficiency of a building air handler for multi-zone VAVs[J]. Building and Environment,2015,92:256-268. [LinkOut]

[25] WANG L P,SMITH S,CHESSARI C. Continuous-time model predictive control of food extruder[J]. Control Engineering Practice,2008,16(10):1173-1183.

[26] LIM H,KANG Y,KIM C,et al. Experimental verification of nonlinear model predictive tracking control for six-wheeled unmanned ground vehicles[J]. International Journal of Precision Engineering and Manufacturing,2014,15(5):831-840.

[27] MAN H , SHAO C. Nonlinear Model Predictive Control Based on LS-SVM Hammerstein -wiener Model [J]. Journal of Computational Information Systems, 2012, 8(4): 1373-1381.

[28] KISHOR N, SINGH S P. Nonlinear predictive control for a NNARX hydro plant model[J]. Neural Computing and Applications,2007,16(2):101-108.

[29] WITTMANN R,HILDEBRANDT A C,WAHRMANN D,et al. Model-based predictive bipedal walking stabilization[C]//2016 IEEE-RAS 16th International Conference on Humanoid Robots (Humanoids). November 15-17,2016,Cancun,Mexico. IEEE,2016:718-724.

[30] BELARBI K , MEGRI F. A Stable Model-Based Fuzzy Predictive Control Based on Fuzzy Dynamic Programming [J]. IEEE transactions on fuzzy systems, 2007, 15(4): 746-754.

[31] KRAMER O. Introduction[M]//Genetic Algorithm Essentials. Cham: Springer International Publishing,2017:3-10.

[32] WU J,SHEN J,KRUG M,et al. GA-based nonlinear predictive switching control for a boiler-turbine system[J]. Journal of Control Theory and Applications,2012,10(1):100-106. [LinkOut]

[33] KENNEDY J, EBERHART R. Particle swarm optimization[C]//Proceedings of ICNN'95 - International Conference on Neural Networks. November 27 - December 1, 1995, Perth, WA, Australia. IEEE, 1995: 1942-1948.

[34] GERMIN NISHA M, PILLAI G N. Nonlinear model predictive control with relevance vector regression and particle swarm optimization[J]. Journal of Control Theory and Applications, 2013, 11(4): 563-569.

[35] HAYKIN S. Neural networks a comprehensive foundation [M], Prentice Hall, Englewood Cliffs, 1999.

[36] SHARMA N, SINGH K. Model predictive control and neural network predictive control of TAME reactive distillation column[J]. Chemical Engineering and Processing: Process Intensification, 2012, 59: 9-21.

[37] AKPAN V A, HASSAPIS G D. Nonlinear model identification and adaptive model predictive control using neural networks[J]. ISA Transactions, 2011, 50(2): 177-194.

[38] ŁAWRYŃCZUK M. Practical nonlinear predictive control algorithms for neural Wiener models[J]. Journal of Process Control, 2013, 23(5): 696-714.

[39] KÖKER R. Design and performance of an intelligent predictive controller for a six-degree-of-freedom robot using the Elman network[J]. Information Sciences, 2006, 176(12): 1781-1799.

[40] TEMENG K O, SCHNELLE P D, MCAVOY T J. Model predictive control of an industrial packed bed reactor using neural networks[J]. Journal of Process Control, 1995, 5(1): 19-27.

[41] GOMM J B, EVANS J T, WILLIAMS D. Development and performance of a neural-network predictive controller[J]. Control Engineering Practice, 1997, 5(1): 49-59.

[42] 李少远,刘浩,袁著祉. 基于神经网络误差修正的广义预测控制[J]. 控制理论与应用,1996,13(5):677-680.

[43] 樊宇红,任长明,李建峰,等. 基于 B-P 神经网络的非线性系统预测控制的研究[J]. 天津大学学报,1999,32(6):720-723.

[44] CYBENKO G. Approximation by superpositions of a sigmoidal function

[J]. Mathematics of Control,Signals and Systems,1989,2(4):303-314.

[45] DOHARE R K,SINGH K,KUMAR R,et al. Simulation-based artificial neural network predictive control of BTX dividing wall column[J]. Arabian Journal for Science and Engineering,2015,40(12):3393-3407.

[46] SYU M J,HOU C L. Backpropagation neural network predictive control and control scheme comparison of 2,3-butanediol fermentation by Klebsiella oxytoca[J]. Bioprocess Engineering,1999,20(3):271-278.

[47] JAKOVLEV S,VOZNAK M,ANDZIULIS A,et al. Application of predictive control methods for Radio telescope disk rotation control[J]. Soft Computing,2014,18(4):707-716.

[48] LI S,LI Y Y. Neural network based nonlinear model predictive control for an intensified continuous reactor[J]. Chemical Engineering and Processing:Process Intensification,2015,96:14-27.

[49] NESHAT N,MAHLOOJI H,KAZEMI A. An enhanced neural network model for predictive control of granule quality characteristics[J]. Scientia Iranica,2011,18(3):722-730.

[50] GANG W J,WANG J B,WANG S W. Performance analysis of hybrid ground source heat pump systems based on ANN predictive control[J]. Applied Energy,2014,136:1138-1144.

[51] 逄泽芳,韩红桂,乔俊飞. 基于神经网络的污水处理预测控制[J]. 吉林大学学报(工学版),2011,41(S1):280-284.

[52] 张日东,王树青. 基于神经网络的非线性系统多步预测控制[J]. 控制与决策,2005,20(3):332-336.

[53] 任爽,刘航,訾锐. 基于神经网络模型的中央空调房间温度预测控制[J]. 沈阳大学学报(自然科学版),2015,27(3):233-237.

[54] ZHOU F,PENG H,QIN Y M,et al. RBF-ARX model-based MPC strategies with application to a water tank system[J]. Journal of Process Control,2015,34:97-116.

[55] SALAHSHOOR K,DE ZAKERI S,HAGHIGHAT SEFAT M. Stabilization of gas-lift oil wells by a nonlinear model predictive control scheme based on adaptive neural network models[J]. Engineering Applications of Artificial Intelligence,2013,26(8):1902-1910.

[56] KOSIC D. Fast Clustered Radial Basis Function Network as an adaptive predictive controller[J]. Neural Networks,2015,63:79-86.

[57] ALEXANDRIDIS A,SARIMVEIS H. Control of processes with multiple steady states using MPC and RBF neural networks[M]//Computer Aided Chemical Engineering. Amsterdam:Elsevier,2011:698-702.

[58] HAN H G,QIAO J F,CHEN Q L. Model predictive control of dissolved oxygen concentration based on a self-organizing RBF neural network[J]. Control Engineering Practice,2012,20(4):465-476.

[59] SALAHSHOOR K,DE ZAKERI S,HAGHIGHAT SEFAT M. Stabilization of gas-lift oil wells by a nonlinear model predictive control scheme based on adaptive neural network models[J]. Engineering Applications of Artificial Intelligence,2013,26(8):1902-1910.

[60] 樊兆峰. 工业酚水稀释的 RBF 神经网络预测控制[J]. 徐州工程学院学报(自然科学版),2011,26(2):28-31.

[61] 徐宝昌,吴建章. 神经网络多步预测控制及其在精馏塔中的应用研究[J]. 计算机与应用化学,2012,29(2):240-244.

[62] 杨鹏,刘品杰,张燕,等. 基于 RBF 神经网络的改进多变量预测控制[J]. 控制工程,2009,16(1):39-41.

[63] 魏波,靳雷. 基于改进型 Elman 网络的碱回收黑液预测控制[J]. 仪表技术与传感器,2012(6):48-50.

[64] 田中大,高宪文,李琨. 网络控制系统的自适应预测控制[J]. 应用科学学报,2013,31(3):303-308.

[65] AL-ARAJI A S,ABBOD M F,AL-RAWESHIDY H S. Applying posture identifier in designing an adaptive nonlinear predictive controller for nonholonomic mobile robot[J]. Neurocomputing,2013,99:543-554.

[66] KÖKER R. Design and performance of an intelligent predictive controller for a six-degree-of-freedom robot using the Elman network[J]. Information Sciences,2006,176(12):1781-1799.

[67] ZHOU C,DING L Y,HE R. PSO-based Elman neural network model for predictive control of air chamber pressure in slurry shield tunneling under Yangtze River[J]. Automation in Construction,2013,36:208-217.

[68] KETKAR N. Recurrent neural networks[M]//Deep Learning with Py-

thon. Berkeley, CA: Apress, 2017: 79-96.

[69] 古勇，苏宏业，褚健. 循环神经网络建模在非线性预测控制中的应用[J]. 控制与决策，2000，15(2)：254-256.

[70] DEMMERS T G M, CAO Y, GAUSS S, et al. Neural predictive control of broiler chicken and pig growth[J]. Biosystems Engineering, 2018, 173: 134-142.

[71] ZAMARREÑO J M, VEGA P, GARCı ? A L D, et al. State-space neural network for modelling, prediction and control[J]. Control Engineering Practice, 2000, 8(9): 1063-1075.

[72] YE H W, NI W D. Nonlinear system identification using a Bayesian-Gaussian neural network for predictive control[J]. Neurocomputing, 1999, 28(1/2/3): 21-36.

[73] LU C H, TSAI C C. Generalized predictive control using recurrent fuzzy neural networks for industrial processes[J]. Journal of Process Control, 2007, 17(1): 83-92.

[74] AREFI M M, MONTAZERI A, POSHTAN J, et al. Wiener-neural identification and predictive control of a more realistic plug-flow tubular reactor[J]. Chemical Engineering Journal, 2008, 138(1/2/3): 274-282.

[75] ŁAWRYŃCZUK M. On improving accuracy of computationally efficient nonlinear predictive control based on neural models[J]. Chemical Engineering Science, 2011, 66(21): 5253-5267.

[76] TAN Y H, VAN CAUWENBERGHE A R. Optimization techniques for the design of a neural predictive controller[J]. Neurocomputing, 1996, 10(1): 83-96.

[77] SØRENSEN P H, NØRGAARD M, RAVN O, et al. Implementation of neural network based non-linear predictive control[J]. Neurocomputing, 1999, 28(1/2/3): 37-51.

[78] 李会军，肖兵. 一种无约束多步递归神经网络预测控制器[J]. 控制理论与应用，2012，29(5)：642-648.

[79] 樊兆峰，马小平，邵晓根. 神经网络预测控制局部优化初值确定方法[J]. 控制理论与应用，2014，31(6)：741-747.

[80] 樊兆峰，马小平，邵晓根. 非线性系统 RBF 神经网络多步预测控制[J]. 控

制与决策,2014,29(7):1274-1278.

[81] WANG L X,WAN F. Structured neural networks for constrained model predictive control[J]. Automatica,2001,37(8):1235-1243.

[82] LAZAR M,PASTRAVANU O. A neural predictive controller for non-linear systems[J]. Mathematics and Computers in Simulation,2002,60(3/4/5):315-324.

[83] 张海涛,陈宗海,秦廷,等.重油分馏塔基于混沌神经网络的 Laguerre 函数模型自适应预测控制[J].信息与控制,2004,33(1):13-17.

[84] DALAMAGKIDIS K,VALAVANIS K P,PIEGL L A. Nonlinear model predictive control with neural network optimization for autonomous autorotation of small unmanned helicopters[J]. IEEE Transactions on Control Systems Technology,2011,19(4):818-831.

[85] PAN Y P,WANG J. Model predictive control of unknown nonlinear dynamical systems based on recurrent neural networks[J]. IEEE Transactions on Industrial Electronics,2012,59(8):3089-3101.

[86] POTOČNIK P,GRABEC I. Nonlinear model predictive control of a cutting process[J]. Neurocomputing,2002,43(1/2/3/4):107-126.

[87] 程宏亮,张国贤,包海昆.基于 GA 神经网络的自适应预测控制的设计与仿真[J].系统仿真学报,2003,15(5):718-720.

[88] SONG Y,CHEN Z Q,YUAN Z Z. Neural network nonlinear predictive control based on tent-map chaos optimization[J]. Chinese Journal of Chemical Engineering,2007,15(4):539-544.

[89] 肖本贤,王晓伟,朱志国,等.基于改进 PSO 算法的过热汽温神经网络预测控制[J].控制理论与应用,2008,25(3):569-573.

[90] SCHMIDHUBER J. Deep learning in neural networks:an overview[J]. Neural Networks,2015,61:85-117.

[91] 丁宝苍.预测控制的理论与方法[M].北京:机械工业出版社,2008.

[92] CAMACHO E F,BORDONS C. Introduction to model predictive control[M]. London:Springer ,2007.

[93] RAHROOH A,SHEPARD S. Identification of nonlinear systems using NARMAX model[J]. Nonlinear Analysis:Theory,Methods & Applications,2009,71(12):e1198-e1202. .

[94] HAYKIN S. Computationally efficient model predictive control algorithms a neural network approach [M]. Switzerland: Springer International Publishing. 2014.

[95] ROSENBLATT F. The perceptron:a probabilistic model for information storage and organization in the brain[J]. Psychological Review,1958,65(6):386-408.

[96] 袁曾任.人工神经元网络及其应用[M].北京:清华大学出版社,1999.

[97] LUENBERGER D G,YE Y Y. Linear and nonlinear programming[M]. New York:Springer ,2008.

[98] BRAIDES A. Convergence of local minimizers[M]. Cham:Springer International Publishing,2013.

[99] BIEGLER L T. Nonlinear programming[M]. Society for Industrial and Applied Mathematics,2010.

[100] JONATHAN M B , ADRIANS L. Convex Analysis and Nonlinear Optimization Theory and Examples, Second Edition [M]. Springer Science&Business Media, LLC, 2006.

[101] MOORE R E,KEARFOTT R B,CLOUD M J. Introduction to interval analysis[M]. Society for Industrial and Applied Mathematics,2009.

[102] HANSEN E, WALSTER G W. Global Optimization Using Interval Analysis Sencond Edition[M]. New York: Marcel Dekker, Inc. 2004: 123-156.

[103] CHOUDARY A D R,NICULESCU C P. Elementary functions[M]//Real Analysis on Intervals. New Delhi:Springer India,2014:185-214.

[104] RATSCHEK H. Inclusion functions and global optimization[J]. Mathematical Programming,1985,33(3):300-317.

[105] MOORE R E,RATSCHEK H. Inclusion functions and global optimization II[J]. Mathematical Programming,1988,41(1/2/3):341-356.

[106] MADSEN K , NIELSEN H B , TINGLEFF O. Methods for Non-Linear Least Squares Problems (2nd)[C]. Informatics and Mathematical Modelling, Technical University of Denmark, 2004: 24-28.

[107] 徐培德,邱涤珊.非线性最优化方法及应用[M].长沙:国防科技大学出版社,2008.

[108] 朱齐丹,汪瞳.一种离散时间系统变结构控制的新方法[J].控制与决策,2009,24(8):1209-1213.

[109] 樊兆峰.一种下肢康复机器人的神经网络预测控制[J].扬州大学学报(自然科学版),2017,20(3):44-48.

[110] BRUNO S., OUSSAMA K. (Eds.). Springer Handbook of Robotics 2nd Edition [M]. Springer-Verlag GmbH Berlin Heidelberg, 2016: 28-33.

[111] CORKE P. Robotics, Vision and Control Fundamental Algorithms in MATLAB ©[M]. Berlin :Springer, 2013.